科技创新人才成长与竞赛指导丛书

发明创造的秘密

全国创新发明金牌教练
全国十佳科技辅导员
中学物理特级教师

崔 伟　方红霞
滕玉英　方松飞 ／编著

东南大学出版社
SOUTHEAST UNIVERSITY PRESS

图书在版编目(CIP)数据

发明创造的秘密 / 崔伟等编著. —南京：东南大学出版社，2017.11（2020.6重印）
（科技创新人才成长与竞赛指导丛书 / 崔伟等主编）
ISBN 978-7-5641-6963-3

Ⅰ.①发… Ⅱ.①崔 Ⅲ.①创造发明-青少年读特 Ⅳ.①N19-49

中国版本图书馆 CIP 数据核字（2017）第 243590 号

发明创造的秘密

出版发行	东南大学出版社
出 版 人	江建中
社　　址	南京市四牌楼 2 号
邮　　编	210096
网　　址	http://www.seupress.com
经　　销	全国各地新华书店
印　　刷	河北远涛彩色印刷有限公司
开　　本	787 mm×1092 mm　1/16
印　　张	11.25
字　　数	300 千字
版　　次	2017 年 11 月第 1 版
印　　次	2020 年 6 月第 2 次印刷
书　　号	ISBN 978-7-5641-6963-3
定　　价	54.80 元

* 本社图书若有印装质量问题，请直接与营销部联系，电话：025-83791830

丛书编委会

主　任：崔　伟（特级教师）　滕玉英（特级教师）
策　划：方红霞（特级教师）　方松飞（特级教师）
成　员：（以姓氏笔画为序）

　　　　王丽华　王　君　王　俊　王洪安　卢生茂
　　　　冯文俊　匡成萍　扬　帆　刘桂珍　沈晶晶
　　　　陆建忠　陆海均　陈　蓉　范芳玺　姜栋强
　　　　徐万顺　徐光永　程久康　蔡文海　缪启忠

主要作者简介

崔伟 特级教师

东南大学工学硕士,现任扬州中学教育集团树人学校党委副书记、副校长,扬州市初中物理特级教师,扬州大学硕士研究生导师,全国十佳科技辅导员、江苏省优秀青少年科技教育校长、扬州市青少年科技创新崔伟名师工作室总领衔。他是全国优秀教科研成果一等奖、江苏省基础教育教学成果二等奖获得者。主持江苏省教育科学规划重点课题2项,主持教育部规划课题子课题、国家自然科学基金委员会课题子课题各1项。发表论文25篇,其中11篇论文在北大版的核心期刊上发表或被人大复印资料中心《中学物理教与学》全文转载。

方红霞 特级教师

扬州大学物理学士,扬州大学附属中学物理教研组长,江苏省高中物理特级教师,江苏省优秀中小学科技辅导员,全国教育科研活动先进个人。她是江苏省基础教育教学成果二等奖、江苏省科技创新大赛成果一等奖、江苏省中学物理教学改革创新评比一等奖获得者。主持江苏省教育科学规划重点课题1项。发表论文23篇,其中10篇论文在北大版核心期刊上发表或被人大复印资料中心《中学物理教与学》全文转载。

主要作者简介

滕玉英 特级教师

南京师范大学教育硕士,现任海门市东洲中学党委书记、校长,东洲中学教育管理集团总校长,江苏省初中物理特级教师,中学物理正高级教师,江苏省基础教育课程改革先进个人,江苏省优秀青少年科技教育校长,南通大学兼职教授。她是江苏省基础教育成果特等奖获得者。多次代表省、市赴新疆、西藏、四川等地进行送教讲座。主持、参与国家、省、市级多项课题。发表论文30多篇,其中6篇论文在北大版核心期刊上发表或被人大复印资料中心《中学物理教与学》全文转载。

方松飞 特级教师

苏州大学物理系毕业,扬州中学教育集团树人学校教育督导,负责树人少科院工作。他是江苏省物理特级教师,全国教育科研先进个人,全国创新发明金牌教练,全国十佳科技教师,江苏省中小学教材审查委员会初中物理专家组成员。著有《构建课堂教学大磁场》《怎样使你早日成才》等教育专著3部,主编《新概念物理初中培优读本》《资源与学案》等教学辅导用书24种,有40多篇论文在《物理教学》等期刊上发表。

序言

让人才脱颖而出

当今世界,各国综合国力的竞争说到底是科技实力和创新人才的竞争,人才是创新驱动的核心要素。面对中国经济发展新常态,国务院于2016年印发了《国家创新驱动发展战略纲要》和《"十三五"国家科技创新规划》。纲要指出:创新是引领发展的第一动力,创新驱动是国家命运所系、世界大势所趋、发展形势所迫。落实纲要的关键是加快建设科技创新领军人才和高技能人才队伍。以学校教育而言,只有实施创新教育,才能立足于科技创新人才的早期培养,才能与国家创新驱动发展战略做到无缝对接。其核心是为了迎接信息时代的挑战,着重研究与解决在基础教育领域如何培养学生的创新意识、创新精神和创新能力的问题。

扬州中学教育集团树人学校正是在这样的背景下,于2009年创办了树人少科院,并以此为载体,对科技创新人才的早期培养进行了实践性探索:主持了扬州市规划课题《中学生科学素养和人文素养培养的研究》、教育部子课题《中学生创造力及其培养的研究》、江苏省重点课题《基于科技创新人才早期培养模式的实践研究》、国家自然科学基金委员会子课题《教学环境对中学生创造力的影响研究》和江苏省"十三五"重点课题《中学生物理核心素养模型构建的校本化研究》。前3个课题已成功结题,其研究成果分别获扬州市"十二五"教育科研成果一等奖、江苏省基础教育教学成果二等奖和江苏省第四届教育科研成果三等奖。《青少年科技创新人才培养模式的创新探索》于2015年在北京师范大学举办的首届中国教育创新成果公益博览会上展示,后在北京大学举办的第十一届全国创新名校大会上交流,并获中国教育创新成果金奖。研究专著《让创新人才从树人少科院腾飞》于2016年获扬州市第二届基础教育教学成果一等奖,已入选扬州市首批教育文集并由广陵书社正式出版。还有《让创新人才在翻转课堂中脱颖而出》《科技创新人才培养策略的前瞻性研究》《科技创新人才早期培养的实践探索》《校本教研中的创新人才培养策略研究》等30多篇课题研究论文在期刊上发表。

I

其中19篇论文在北大版核心期刊《中学物理教学参考》《教学与管理》《教学月刊》《物理教师》上发表或被人大复印资料《中学物理教与学》全文转载。

科技创新人才的早期培养也结出了丰硕的成果,从2009年创办树人少科院至今,已有2 000多学生在扬州市以上的各级各类组织的科技创新竞赛中获奖。其中有48人获全国的发明类金、银、铜奖,328人获全国一、二、三等奖,502人获江苏省一、二、三等奖。在上述的金奖或一等奖的得主中,有2人荣获用邓小平稿费做奖金的中国青少年科技创新奖;2人因科技创新成果显著而当选为全国少代会代表,出席全国的少先队代表大会,分别受到胡锦涛和习近平总书记的亲切接见。3人获江苏省人民政府青少年科技创新培源奖,4人成为全国十佳小院士,11人被评为江苏省青少年科技创新标兵,15人次获扬州市青少年科技创新市长奖,78人被评为中国少年科学院小院士,106项学生发明获国家专利证书。

为了将上述研究成果面向社会推广,让科技爱好者和中学生分享其中的成果,我们以曾获扬州市优秀校本课程的《走进科技乐园》为基础,编写了"科技创新人才成长与竞赛指导"丛书。

本丛书以树人少科院和东洲少科院部分学生的成长为案例,以读本的方式呈现,含《发明创造的秘密》《学生成才的秘密》《思维方法的秘密》《实验探究的秘密》《社会调查的秘密》《科技实践的秘密》六册。本丛书虽为中学生撰写,但也同样适用于小学生、大学生。衷心感谢树人学校党委书记、校长陆建军对树人少科院的倾心培育以及对本丛书编写工作的支持与鼓励。

愿你在丛书的陪伴下茁壮成长,在成才之路上脱颖而出。

导读

本书为丛书的开篇之作,希望你能为其中的故事所吸引,为技法的解密而顿悟,为鉴定的途径而开窍。(说明:本书中的"少科院"意为展示成果的平台)

第一章入门点金,从创客的角度设计,让你从少科院的成才平台中,从爱迪生的成长经历中,从鲁班锯的发明过程中,从孔明灯的传奇故事中,去感悟创客之家、创客之魂、创客之气、创客之智。本章旨在点拨你向少科院(平台)展成果,建创客之家;向爱迪生学创新,招创客之魂;学鲁班的接地气,凝创客之气;向诸葛亮借智慧,悟创客之智。

第二章技法解密,从兵法的角度设计,为你解密"柳暗花明、貌合神离、增锅减灶、锦上添花、无中生有、移花接木、改弦更张、李代桃僵、小中见大、擦枪走火"这10种创造技法的内涵特征、思维特点、方法要领,在小试牛刀的基础上,对照相关的成果展示进行剖析,让你在解密中激发创造发明的欲望。

第三章成果鉴定,从途径的角度设计,让你从"查新报告、专利申报、把握机遇、成果发布"这四种途径中,感悟发明成果优劣和层级的评判方法,期望你把握好自己的人生。因为机遇人人都有,关键全在自己。

本书都是以"小故事"引入,用"点金石"揭示其中的内涵,"工具箱"或"思维营"介绍相关的知识。"演练场"则是本书的亮点,要求你从对"小故事""点金石""工具箱"或"思维营"的解读中,完成相关作业,并根据相关要求按"合格、优秀、铜牌、银牌、金牌"这5个等级进行自我评价。最后在"展示台"或"信息链"中进行反思,提升研读效果。书末还为你设计了"记录表",要求你将每次"小试牛刀"的自评等级及其关键词及时记入表中。每章结束后,还希望你将"每章自评小结"写入表中,养成你良好的作业管理和评价的习惯,并能早日成才。

本书的第一章由滕玉英和方松飞合写,第二章由崔伟撰写,第三章由方红霞撰写,最后由方松飞统稿。丛书编委会的老师们为本书的撰写提供了有效资料与修改意见,在此表示感谢。本书的撰写还是在探索和尝试中,不当之处,敬请指教斧正,谢谢。

Contents 目录

序言　让人才脱颖而出 ··· I

　　导　　读 ··· Ⅲ

第一章　入门点金 ·· 1

　　第一节　创客之家 ··· 1

　　第二节　创客之魂 ··· 8

　　第三节　创客之气 ·· 13

　　第四节　创客之智 ·· 21

第二章　技法解密 ··· 28

　　第一节　柳暗花明 ·· 28

　　第二节　貌合神离 ·· 37

　　第三节　增锅减灶 ·· 46

　　第四节　锦上添花 ·· 57

第五节	无中生有	68
第六节	移花接木	76
第七节	改弦更张	87
第八节	李代桃僵	96
第九节	小中见大	105
第十节	擦枪走火	115

第三章　成果鉴定　124

第一节	查新报告	124
第二节	专利申请	131
第三节	把握机遇	140
第四节	成果发布	153

自评记录表　168

第一章 入门点金

第一节 创客之家

小故事

少科院

　　李沐是树人少科院的第一任学生院长,中国少年科学院小院士。他到初中毕业时已有了 40 多项小发明、6 项发明专利;荣获由邓小平稿费做奖金的中国青少年科技创新奖;成为全国少代会代表,出席了中国少年先锋队第六次全国代表大会(如图 1-1-1 所示)。

图 1-1-1

　　有一天,当时还在上初一的他走进我的办公室,带着他在小学时的小发明"带子环的易拉罐",与我探讨其受力特点。当时我还不知道这个学生在小学时就已获得了 3 个国家专利。

其实这个小发明只是在普通易拉罐的拉环上多加了一个小圈,如图1-1-2所示。"打开带子环的易拉罐时,拉子环使用的是臂膀力量,而打开普通易拉罐使用的是手指力量,因而开启带子环的易拉罐比普通易拉罐要省力。"他这样认为。我趁热打铁地跟他说:"这是你小学时的发明成果,很可贵,上了我们初中,你是否会对此做进一步的研究啊?"他听后高兴地说:"怎么不想呢!可我们学校不像我原来的维扬实验小学有少科院噢,那时有老师带着我们搞小发明呐。"正是一语点醒梦中人,我们学校也要创办少科院啊!于是,在陆校长的全力支持下,树人学校于2009年校庆十周年之际创办了树人少年科学院,图1-1-3为中国工程院程顺和院士应邀参加少科院成立大会时与学校领导的合影留念照片。

图1-1-2

图1-1-3

点金石

创客之家

上述故事给我们这样的启示:搞小发明一定要有一个好的环境和氛围。尤其是中学还存在着中考和高考的巨大压力,如果学校没有给学生创设一个有利于创造发明的环境,即使这个学生在小学期间就有很好的发明创造的天赋,但是所在学校不给这种天赋以发展的空间和时间,只让他们在题海的大洋中遨游,这种天赋终究会被消耗殆尽的。这也正是"钱学森之问"的根本原因。

人民教育家陶行知倡导的创造教育思想值得当前的教育者们深思:"我们发现了儿童有创造力,认识了儿童有创造力,就须进一步把儿童的创造力解放出来。"他指出:"你的教鞭下有瓦特,你的冷眼里有牛顿,你的讥笑中有爱迪生,你别忙着把他们赶跑。"他大声疾呼:"处处是创造之地,天天是创造之时,人人是创造之人,让我们至少走两步退一步,向着创造之路迈进吧。"

可喜的是:树人学校看到了李沐对创造发明的渴望,坚持了"为每一个学生的终身发展奠基"的教育理念,要为像李沐这样的孩子建立一个既特殊又温馨的家,这个家就是树人少科院。正是有了这个创客之家,李沐成功竞聘为树人少科院的首位学生院长。在他的倡议下,召开了树人少科院第一次代表大会,总院和分院的院长们在主席台上就座,中国工程院程顺和院士以及江苏省和扬州市的领导嘉宾在主席台下观看着这些学生院长们的创新风采(如图1-1-4所示)。大会充分展示了少科院学生的自我管理风采和实行的少代会制,受到嘉宾和师生的一致好评。

图 1-1-4

树人学子正是有了"少科院"这个有利于他们"发明创造"的家,才有了学生自己管理好这个家的愿望。少科院实行了富有创造性的分级管理和分层培养的成才模式,已经形成了以"自我教育"为特色的"学校建总院抓拔尖提高、年级建分院抓校本培训、班级建研究所抓组织管理、小组建课题组抓项目落实"的分级管理模式,和以"创新成果"为评价标准的"小组评选小学士、班级评选小硕士、年级评选小博士、学校评选小院士和十佳小院士"的分层培养模式(如图1-1-5所示),并分级

图 1-1-5

颁发相关证书:班主任给小学士颁发、年级部主任给小硕士颁发、教务主任给小博士颁发、分管校长给小院士颁发、校长给十佳小院士颁发(如图1-1-6所示)。

图1-1-6

初步形成了陶行知所倡导的"处处是创造之地,天天是创造之时,人人是创造之人"的大好局面,才有了一大批发明创造的小达人在发明创造中脱颖而出,在创新大赛中展翅翱翔,飞出扬州,飞向全国。从2009年创办树人少年科学院至今,已有2 000多名学生在市以上的各级各类的科技创新竞赛中获奖,48件发明作品获全国或国际的金、银、铜奖,106件发明作品获国家专利证书,328件创新作品获全国一、二、三等奖,502件创新作品获江苏省一、二、三等奖。李沐和刁逸君荣获中国青少年科技创新奖和江苏省小发明家等荣誉称号;李沐和涂竞一当选为全国少代会代表,分别受到胡锦涛和习近平总书记的亲切接见;韦康、戴苇航、申一民荣获江苏省人民政府青少年科技创新培源奖;包昕玥、车京殷、朱皓君、李想被表彰为全国十佳小院士;还有11位学生成为江苏省科技创新标兵,12位学生荣获扬州市青少年科技创新市长奖,78位学生被评为中国少年科学院小院士。

表1-1-1是树人少科院的学生参加中国少年科学院小院士课题研究成果展示交流获奖的统计情况。这就是树人少科院这个"创客之家"的魅力!

表1-1-1　　　　　　　　　　　　　　　　　　　　单位:人

获奖时间	十佳小院士	小院士	全国一等奖	全国二等奖	全国三等奖
2009.12	0	2	只评选小院士,没有成果展示答辩与评奖		
2010.12	0	6	6	13	5
2011.12	0	10	10	14	21
2012.12	1	6	8	11	11
2013.12	1	12	15	20	2
2014.12	0	8	10	21	8
2015.12	1	18	21	14	12
2016.12	1	16	19	28	3
累计	4	78	89	121	62

树人学校也连续四年被表彰为江苏省青少年科技创新十佳学校,成为江苏省文明单位、江苏省教育科学示范学校、江苏省首批"STEM"试点学校、江苏省教育科学综合示范学校、全国科普教育十佳示范基地。

工具箱

何为创客

创客是指不以营利为目标,努力把各种创意转变为现实的人,是热衷于创意、设计、制造的个人设计制造群体。他们均以创新为核心理念,体现的是一种理性思维,分享和传播知识是每个创客应尽的义务。创客其实就是玩创新的一群新人,他们坚守创新、持续实践、乐于分享,并且追求美好生活,体现了一种积极向上的生活态度。创客是用行动做出来的,而不是用语言吹出来的。

"创客"一词自2014年出世之初就成为中国创新创业领域新的关键词,受到李克强总理的青睐。他如此看重创客,是因为创客不是实验室里的科研人员,而是普通的大学生、上班族,他们的奇思妙想来自于生活里最直接的需求,将科技创新和市场紧密结合。李克强总理认为:当前国内外形势复杂严峻,传统增长动力减弱,必须着力推动面向市场需求的大众创业,万众创新,为发展增添新动力。

时至今日,创客这个新关键词已从大学向着中学乃至小学转移,在中小学的校园里,也出现了不少新的创客或创客的粉丝。2017年4月首届中小学生创客竞赛在南宁市举行,有451名小创客展身手,有的玩转3D打印,如图1-1-7所示。

王嘉文同学也是一位创客小达人,她设计的钟南山创新奖杯通过3D打印,代表学校参加中国青少年创造力大赛,受到评委的好评,荣获创造力大赛金奖,如图1-1-8所示。

图1-1-7

图1-1-8

创客与其说是一种称呼,不如说是一种信仰,科技发展不仅可以改变个人通讯方式,也会改变个人设计、个人制造。一旦创新成为信仰,一切险阻都将化为坦途。创新不断帮助人类解决各种社会矛盾,持续提高每一个人的生活水平。创客的核心理念正被越来越多的中小学生接受,并自觉地加入其中,学校也正从知识传授的中心转变成以实践应用和创造为中心的场所,我们正拭目以待。

演练场

小试牛刀

你想加入创客的新族群中吗?如果想的话,请你用易拉罐或食品盒设计一个创意,使之成为你小书房内或小书桌上的一件工艺品。将设计思路填写在下列的方框中,并根据下列标准自我评价。

评价标准:写出创意方案的给合格,画成创意图的给优秀,制作成实物、拍摄成照片的给铜牌,得到父母夸奖的给银牌,父母建议放在小书桌上作为装饰品的给金牌(如图1-1-9所示)。易拉罐或食品盒创意参考如图1-1-10所示。

图1-1-9   图1-1-10

展示台

小院士墙

树人学校在教学楼的显眼位置设立"大院士墙"和"小院士墙",使之成为学校立德树人的品牌,以激励学生自觉、自信地走上科技创新的幸福之路,如图 1-1-11 所示。该图为 2014 年所立的小院士墙照片,当时已有 44 位中国少年科学院的小院士,其中李沐和刁逸君二位小院士荣获中国青少年科技创新奖。

图 1-1-11

第二节　创客之魂

小故事

发明大王

爱迪生是国际级的发明大王,如图 1-2-1 所示。他一生都在创新,有如对世界有极大影响的留声机、电影摄影机、电灯等共 2 000 多项发明,拥有的专利就有 1 000 多项。创新已经成为他发明的灵魂。可是他开始上学时并不顺利。那所学校只有一个班级、一个老师。因为爱迪生有刨根问底的天性,上课时经常向老师问一些另类的问题,仅 3 个月就被老师以"笨"的名义撵出学校。他的母亲是一家女子学校的教师,是个富有教育经验的人,她不认为自己的孩子"笨",而是时常显出才华,她经常让爱迪生自己动手做实验。有一次讲到伽利略的"比萨斜塔实验"时,她让爱迪生到自己家旁边的高塔上尝试,爱迪生拿了两个大小和重量不同的球并同时从高塔上抛下,结果两球同时落地,爱迪生觉得很神奇并兴奋地告诉母亲实验结果,这次实验也铭刻在爱迪生的脑海里。由于母亲良好的教育方法,爱迪生认识到书的重要性。他不仅博览群书,而且一目十行并过目不忘。爱迪生在母亲的指导下阅读了英国文艺复兴时期剧作家莎士比亚、著名作家狄更斯的著作和许多重要的历史书籍,如爱德华·吉本的《罗马帝国衰亡史》、大卫·休谟的《英国史》,爱迪生被书中洋溢的真知灼见所吸引,一生受其影响。

图 1-2-1

在爱迪生的发明生涯中,值得一提的是他发明电影摄影机的三部曲。1889 年爱迪生发明了活动电影摄影机,这种摄影机用一个尖形齿轮来带动 19 毫米宽的没打孔的胶带,在棘轮的控制下,带动胶带间歇移动,同时打孔。这种摄影机由电机驱动,遮光器轴与一台留声机联动,摄影机运转时留声机便将声音记录下来,并且可以连续拍摄图像。1891 年爱迪生发明了活动电影放映机,这是早期电影显示设备,引入了电影放映的基本方法,通过在光源前使用发动机来高速转动带有连续图片的电影胶片条,从而产生活动的错觉,光源将胶片上的图片投射到银幕。1910 年,爱迪生发明了一部由留声机和摄影机组合而成的电影摄影机,在电机能量下,摄影机的遮光曲轴与留声机联动,摄影机运转时留声机就能够记录下声音。放映时,留声机就随画面同步运转,使得声音和图像实现同时出现。

发明之魂

爱迪生的故事给我们极大的启发,他在逆境中成长,在快乐中成才,创新成了他的发明之魂。上述故事也为我们提供了他的下列有效信息:①喜欢提创新(另类)问题;②3个月被退学(老师不能回答创新问题),母亲亲自教(言传身教);③教他做实验,学得很快乐(因材施教);④母亲指导他多读书(对症下药);⑤发明电影摄影机(锲而不舍);⑥专利数无人超越(发明大王)。再将上述6个有效信息浓缩成:①喜欢提问,②退学母教,③快乐实验,④多读好书,⑤电影摄影机,⑥发明大王。并将其画成如图1-2-2所示的收敛思维图。它们都指向

图1-2-2

"爱迪生",意在向爱迪生学习。向爱迪生学什么?就是要学习他在逆境中成长,在快乐中成才的创新一生。

收敛思维是创新思维的一种形式,是在解决问题的过程中,尽可能利用已有的知识和经验,把众多信息的可能性逐步引导到条理化的逻辑序列中去,最终得出一个合乎逻辑规范的结论。上段中的信息①和②是一般信息,凭借"喜欢提问"和"退学母教"这两个信息一般不能确定"向他学习"。信息③和④是重要信息,实验和读书是发明创造的两大法宝,而且是快乐实验、多读好书,可知此人非同一般。信息⑤和⑥是关键信息,他锲而不舍、三次创新,才有1 000多项专利,成了货真价实的发明大王,向他学习是众望所归。

从信息价值的角度来判断,收敛思维解决问题的基本思路是先从关键信息入手,再考虑重要信息或一般信息,就能快刀斩乱麻,迅速得出众望所归的结论。

爱迪生出生于美国俄亥俄州米兰镇,逝世于美国新泽西州西奥兰治,他是人类历史上第一个利用大量生产原则和电气工程研究的实验室来进行发明专利研究而对世界产生重大深远影响的人。他在84年的生命中,持之以恒、专心致志、锲而不舍地发明创造了1 328项专利,真的是前无古人、后无来者。他除了发明了留声机、电灯、电话、电报、电影等,在矿业、建筑业、化工等领域也有不少创作和真知灼见,他为人类的文明和进

步做出了巨大贡献。他的文化程度虽然不高,但对人类的贡献却这么巨大。他除了有一颗快乐好奇的心、一种亲自试验的本能,还具有超乎常人的从事艰苦工作的无穷精力和果敢精神。美国第31位总统胡佛对爱迪生的一生则做了最精彩的点评:"他是一位伟大的发明家,也是人类的恩人。"我们要向爱迪生学习,让创新成为发明的灵魂,让发明成为一生最大的快乐。向爱迪生学习!我创新,我发明,我快乐!

工具箱

何为发明

　　国家专利法规定,发明就是对产品、方法或者其改进所提出的新的技术方案。其关键词是"新",本质就是创造。如一个苹果手机,据说其内部有上千个专利,相当于上千个新方案,那就有上千个发明。《辞海》中对"发明"一词的解释为:创造新的事物,首创性的制作方法,以及对工艺过程的再改进。它包括三层意思:

　　一是创造新事物,就是创造出从未有过的东西。如人们原先都用煤油灯照明,爱迪生发明的电灯以及后来的日光灯和现在广泛使用的LED灯,都是创造出的新事物。它们与煤油灯相比,所发的光更亮,更方便,更环保。

　　二是创造新方法,就是首创性的制作方法。如扬州有名的富春包子,以前是手工生产,产量低、随意性大,质量得不到保证,只能就地销售。现在改用机器制作,流水线生产,产量高、标准严格控制,提高了质量,降低了成本,已经销往世界各地,取得较好的经济效益。

　　三是改进新工艺,就是对工艺过程的再改进。如扬州有名的漆器,它起源于战国,兴旺于秦汉,鼎盛于明清,发展于当代,已有2 400多年的历史。其工艺过程不断改进,现有雕漆、雕漆嵌玉、点螺、平磨螺钿、骨石镶嵌、刻漆、彩绘、雕填、磨漆画、木雕漆砂砚等十大类。每一类工艺过程的再改进就是发明。

演练场

小试牛刀

　　在生活中有哪些发明给我们带来不一样的生活质量?请将答案填写在下列的方

框中,并根据下列标准自我评价。

评价标准:找出 2 个为合格,3 个给优秀,5 个给铜牌,7 个给银牌,10 个给金牌,如图 1-2-3 所示。

图 1-2-3

示例:在今天,钱包可丢但手机不能丢。若丢了手机,我的生活就好像真的被改变了。我就不能看微信,不能与好友聊天,不能给父母发短信……

信息链

发明的新颖性

新颖性指的是在提出这项发明以前,没有出现过同样功能、构思、技术的东西,或同样的制作方法,而且这项发明并没有以任何形式向公众公开过,这就叫作新颖。就是说,你既不能在街上的商店里买到同样的产品,也没有在书刊、广播电视中看到或听到过介绍;如果你在别的发明上增加了新的功能、新的方法、新的用途,或将原有的几件物品巧妙地组合在一起,构成一个新的个体,增加了新的功能,那也称得上是新颖。

1. 判断标准

(1)以时间为标准来判断。在时间上,只要在发明者提出这项发明前,没有出现过功能、构思、制作、技术相同的作品或制作方法,它就是新颖的。

(2)以公开的方式来判断。未公开过是指:①尚未在国内或国外的生产、生活实践中公开使用过,尚未在商店中作为商品销售过;②没有通过国内外的报刊、书籍、广播、电视、电影公开过,没有在展览会上以公开或内展的方式展出过;③没有任何人申请专利或已被批准授予专利权而公开。

(3)以公众是否知道判断。发明要有新颖性,必须是以前还没有向"公众"公开过的。"公众"是指被允许知道的一定范围以外的人。不论这些人的人数是多还是少,发明都已失去了新颖性。这里说的"被允许知道的一定范围",指的是发明比赛的评审人员和申请专利过程当中必须经手的工作人员等等。只要发明作品仅仅被限于这个范围以内的人知道,不论其人数多少,仍被认为是新颖的。

新颖是发明的实质,是衡量发明质量的决定性的一条标准。只有先确认一个项目是新颖的,才能确定它是一项发明。

2. 成功途径

如何使你的发明具有新颖性呢?解决这个问题的途径有以下几条:

(1) 满足社会需要:发明是为了满足人们生活和生产的需要,社会需要什么新用品,你就发明什么,这样的发明就有可能是新颖的。例如,西瓜是盛夏消暑的佳品,人们往往凭经验和听声音来判断它的生熟程度。如果你能发明一种结构独特、使用简便、价廉物美的"西瓜测熟计",这样的发明就是新颖的。

(2) 补充已有发明:大多数发明是对已有发明进行完善所做出的一种"补充发明",即对某项已有发明进行了有成效的改造工作,这样的发明也是新颖的。例如,我国第一号实用新型专利"杯式感冒理疗器",就是发明者针对法国已有发明"伤风治疗速效器"进行简化、改进、从而制造出的一种结构简单、性能良好、价格低廉的新型感冒理疗器具。这样的改进发明也是新颖的。

(3) 扩大产品功能:即使老产品扩大功能,变成别的领域里的新产品。这就要求从某种产品的功能用途上动脑筋,能有所发现,有所发明。例如"杀虫电风扇"的发明。在电风扇领域里,它的构造与普通台扇相同,无新颖之处,可在杀虫领域里,由于它是新式的杀虫器具,这就是新颖的了。

展示台

有声电影

爱迪生出生于1847年,在他64岁时,即1910年8月27日,他宣布了其最新一项发明:有声电影。其他人也曾想过发明有声电影机,但无一成功。而他在那一年发明的由留声机和摄影机组合而成的电影摄影机,使有声电影由不可能成为可能。这台电影摄影机的原理为:在电机能量下,摄影机的遮光曲轴与留声机联动,摄影机运转时留声机就能够记录下声音。放映时,留声机就随画面同步运转,使得声音和图像实现同时出现。

其实在此之前,他已经发明了自动电报发射机和接收机(1874年)、留声机(1877

年),炭粒话筒(1877~1878年),并于1879年成功地发明了第一种可供出售的白炽灯。爱迪生利用在他名下的几百项科学发明,建立了"爱迪生电气公司",1892年改为"通用电气公司",1891年获得"活动电影放映机"专利。1891年5月20日第一台成功的活动电影放映机在新泽西州西奥兰治的爱迪生实验室向公众展示。1893年爱迪生实验室的庭院里建立起世界上第一座电影"摄影棚"。1894年4月14日在纽约开辟第一家活动电影放映机影院。1896年4月23日第一次在纽约的科斯特—拜厄尔的音乐堂使用"维太放映机"放映影片,受到公众热烈欢迎。

爱迪生发明的有声电影离现在已逾百年。今天的电影院是为老百姓放映电影的场所。想当初,电影是在咖啡厅、茶馆等场所放映的。随着电影的进步与发展,出现了专门为放映电影而建造的电影院。电影的发展——从无声到有声乃至立体声,从黑白片到彩色片,从普通银幕到宽银幕乃至穹幕、环幕——使电影院的形体、尺寸、比例和声学技术都发生了很大变化。电影院必须满足电影放映的工艺要求,得到应有的良好视觉和听觉效果,现在电影已经成为人们茶余饭后的话题。如图1-2-4所示,从普通的电影院(图甲)到豪华的电影院(图乙),再到豪华的家庭电影院(图丙),彰显的是创造改变了人们的生活方式,发明成就了今天的美好生活。用美国总统胡佛的话来说,就是:爱迪生,你是人类的恩人,我们感谢你!

甲　　　　　　　　乙　　　　　　　　丙

图1-2-4

第三节　创客之气

小故事

鲁班锯

鲁班是我国春秋战国时期的一位木工出身的发明家,被后人尊为木匠的祖师爷,如图1-3-1所示。

图 1-3-1

图 1-3-2

相传有一次他进深山砍树木时，一不小心，脚下一滑，手被一种野草的叶子划破而渗出血来。他摘下叶片轻轻一摸，原来叶子两边长着锋利的齿，如图 1-3-2 所示。他用这些密密的小齿在手背上轻轻一划，居然割开了一道口子。他的手就是被这些小齿划破的。他还看到在一棵野草上有条大蝗虫，两个大板牙上也排列着许多小齿，所以能很快地磨碎叶片。他从这两件事上得到启发：如果把砍伐木头的工具做成锯齿状，不也同样会很锋利吗？那砍伐树木也就容易多了。于是他就用大毛竹做成一条带有许多小锯齿的竹片，然后到小树上去做试验。几下子就把树皮拉破了，再用力拉几下，树干上就被划出一道深沟。但是由于竹片比较软，强度比较差，不能长久使用，拉了一会儿，小锯齿就有的断了，有的变钝了，需要更换竹片。这样就影响了砍伐树木的速度。看来竹片不宜作为制作锯齿的材料，应该寻找一种强度、硬度都比较高的材料来代替它。这时鲁班想到了改用铁片制作带有小锯齿的工具，这样做成的工具很锋利，锯木时既快又省力，效果显著。鲁班给这种新发明的工具起了一个名

图 1-3-3

字，叫作"锯"，后人将其命名为"鲁班锯"，其实就是人们常用的锯子，如图 1-3-3 所示。

点金石

发明之气

鲁班锯能跨越数千年而至今不衰，就是因为它是从生活中（观察）来，回到社会中（实践）去的，这就叫"接地气"，也就是发明之气。我们将鲁班锯的发明过程归纳为 6

个环节,发明方法总结为 5 个步骤,其思路如图 1-3-4 所示。

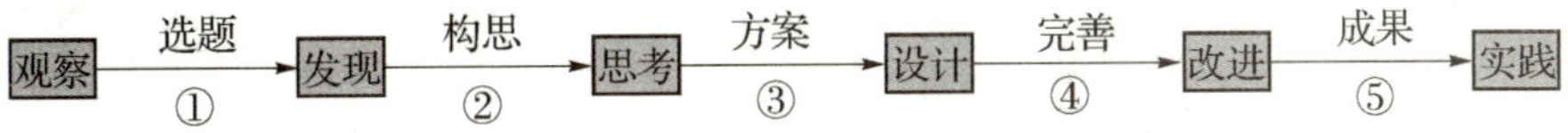

```
观察 →选题①→ 发现 →构思②→ 思考 →方案③→ 设计 →完善④→ 改进 →成果⑤→ 实践
```

图 1-3-4

1. 鲁班的发明过程

(1) 观察:看到手被野草叶子划破而渗出血。

(2) 发现:叶子两边长着锋利的齿,手就是被这些小齿划破的。大蝗虫的两个大板牙上也排列着许多小齿,能很快地磨碎叶片。

(3) 思考:要是有了这样齿状的工具,不是也能很快地锯断树木了吗?

(4) 设计:用大毛竹做成一条带有许多小锯齿的竹片。

(5) 改进:竹片软,强度差,不能长久使用。改用强度和硬度都比较高的铁片来制作带有小锯齿的工具,并加上手柄,就成了现在的木工工具——锯子。

(6) 实践:锯木时既快又省力,效果显著,可以推广使用,并命名。

2. 发明的一般方法

以树人学校的学生秦天承发明的"多功能雨伞"为例说明。该发明荣获中国少年科学院小院士课题研究成果二等奖,秦天承同学也成为中国少年科学院的预备小院士,其实物和证书如图 1-3-5 所示。

图 1-3-5

(1) 选题:是从观察到发现的过程。秦天承发现下雨天路滑,夜晚出行要一边打伞,一边打手电筒,风大时常顾此失彼,既不方便也不安全。能否发明一种既能挡雨又能照明的雨伞呢?

(2) 构思:是从发现到思考的过程。发现 LED 灯泡的光源比较稳定,如果在伞上增加一个 LED 灯泡,就不需要另外手提着照明灯,岂不保证安全出行了吗?那么这个 LED 灯泡设计在什么地方呢?

(3) 方案:是从思考到设计的过程。他将普通雨伞的伞柄手把部分锯掉,发现伞柄里面是空心的,只要将灯泡的电线穿到伞柄里面不就行了吗?于是形成了将 LED 灯泡及其电源、开关安装在伞柄的手把部分的方案。

(4) 完善:是从设计到改进的过程。但伞柄本身是不透明的,如何将 LED 灯光透出伞柄呢?正当他踌躇不展的时候,妈妈的建议使他豁然开朗起来,参考渔具公司的一个产品理念,采用像夜行钓竿一样的透明竿体,可以保证光源的透光。

（5）成果:是从改进到实践的过程。于是他拜访了一家渔具工厂,挑选使用玻纤材质,为了增加持续发光,还在里面加了荧光粉,做成一节透明套管,直径大小略粗于伞柄,如图1-3-6甲所示。同时考虑到手把握手处的舒适,在玻纤管末端套上一节EVA,外面再套上一层带花纹的橡胶皮,这样舒适美观的手柄就做好了,如图1-3-6乙所示。里面连接了两个LED灯泡,用三节七号电池做电源,如图1-3-6丙所示。外面用一节透明玻纤管加在雨伞柄的后端,在玻纤管里面加了荧光粉,即使在电池电力消耗完的情况下,玻纤管还能持续发光一段时间,如图1-3-6丁所示,既方便又实用。

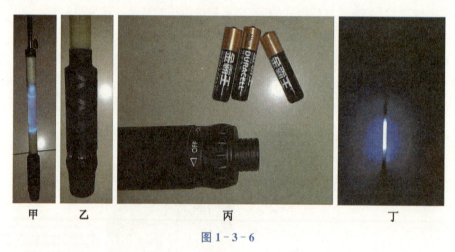

图1-3-6

3. 向鲁班学什么？

我们要学习鲁班热爱生活,善于从观察中发现、从发现中思考、从思考中设计、从设计中改进、从改进中发明的接地气的大国工匠精神。

鲁班是我国古代的一位杰出的发明家,两千多年来,他的名字和有关他的故事一直在广大人民群众中流传。他出身于世代工匠的家庭,从小就跟随家里人参加过许多土木建筑工程劳动,逐渐掌握了生产劳动的技能,积累了丰富的实践经验。木工师傅们用的手工工具,如画线用的墨斗、锯子、钻子、刨子、凿子、铲子、曲尺等据说都是鲁班发明的。而每一件工具的发明,都是其在生产实践中得到启发,经过反复研究、试验而来的。这些木工工具的发明使当时工匠们从原始、繁重的劳动中解放出来,劳动效率成倍提高,土木工艺出现了崭新的面貌。人们为了纪念这位名师巨匠,把他尊为中国土木工匠的始祖。我国还设立了一项用他的名字命名的鲁班奖,这也成为中国建筑行业工程质量方面的最高荣誉奖,由住建部、中国建筑业协会颁发。

发明与发现

从鲁班发明锯子的故事中,你能看出发明与发现之间的关系吗?

发现是指自然界中原来存在的但还没有被发觉的事物,结果被人们找出来了,这就称之为发现。如鲁班发现野草叶子两边长着锋利的齿;哥伦布发现新大陆,地球是个球体;奥斯特发现电流周围存在磁场;阿基米德发现浸在液体中的物体,受到竖直向上的浮力等于物体排开液体的重力;牛顿发现任何物体之间都存在着万有引力。

而发明则是指自然界中原来不存在的东西,结果被人创造出来了。如人类原先没有锯子,后来鲁班创造出了锯子,并被木工广泛使用。人类原先没有纸、印刷术、火药、指南针,后来中国人创造出了纸、印刷术、火药、指南针,得到广泛应用,还传播到西方各国,被称为中国古代的四大发明。

发明与发现之间是因果关系,发现是因,发明是果。

小试牛刀

你能结合自己生活中亲身观察到的现象和发现,根据上述发明过程的6个环节或5个步骤(图1-3-4),发明一个作品吗?请将答案填在方框中,并按下列要求自我评价:

完成2个环节为合格,3个环节给优秀,4个环节给铜牌,5个环节给银牌,6个环节给金牌,以示鼓励。(请及时将等次记录在本书末页的表中)

信息链

发明的实用性

需要是发明之本。我们搞发明是为了满足社会和人们的各种需要。因此，一项优秀的发明不但应具备新颖性，还应该具备实用性。实用性也是发明的一条重要的质量标准。有些发明，虽然结构新颖，技术也比较先进，但是不实用，制作上难度很大，或者不能投入生产，或者即使生产出来，使用起来却极为不便，也就是说这些作品社会效益很差，这样的发明就不具备实用性。因此在搞一项发明的时候，一定要认真想一想，这项发明有没有实用性。

一、何谓实用？

所谓实用，是指该发明能制成产品，供人们使用，并具有良好的经济效益和社会效益，能够推动社会的文明和进步。

例如，南京二中韩笑同学发明的"道路清雪装置"，它就满足上述要求。

目前铲雪（冰）通常是靠人力和常规推土机配合。据说国外有一种先进的铲雪机是靠高压的热气动力来融化冲走冰雪的，可见成本是很高的，用于公路除雪是不可行的，所以得不到广泛应用。

韩笑同学设计"道路清雪装置"，是在类同推土机的行走装置上设计安装的清雪机械。该装置含可调高低的除雪铲系统，自动适应路面起伏的锥台状并有螺旋刀口；与路面保持一定距离的破冰刀具系统；左右方向可调的冰雪清扫刷带系统及行走系统四大部分。还采用可升降的推雪铲以控制铲口距地面的高度，运用行进装置前进推除积雪部分；带有伸缩装置的锥台螺旋刀具底部有耐磨塑料，在刀具破冰过程中保持与路面较小起伏的接触并不会损坏路面；锥台和柱状两种并列的清扫刷带可沿整机运行方向向上或向右清除破碎后的冰及雪；该装置空驶时通过升降杆使之悬离路面，工作时则整体下降。

该装置在铲雪时下降除雪铲，楔状排列的两组锥台螺旋刀具分左右高速旋转以切碎雪下积冰，同时摩擦产生热量融化路面坚冰。开启向前的动力，此时除雪铲在主机推动下清除冰上积雪，高速旋转的锥台螺旋刀具不断破碎坚冰，磨化路表面薄冰层，碎冰一部分被旋转的离心力甩出，一部分被带到下一个刀具上继续被粉碎。刀具后方的清扫刷带将余雪和碎冰清扫至路边。

二、怎样衡量？

1. 能否成为产品？

首先，看这项小发明是不是可以做成实物。任何一项小发明不能只有想法、构思，只是画出几张设计图纸或制作成象征性的模型，而必须做成实物。因为只有实物，才可能经过检验，证明这些想法、设计是合理的、可行的，证明确实能够使用。任何一项小发明只有经得起实践的检验，才能说具有实用性。有些小发明虽然构思新颖，但是在实施、制作的时候，不能达到预想的效果，显示不出它的使用价值。

例如，有几个同学看到住在高层建筑的住户往楼上运东西的时候十分不便，于是提出了发明"阳台小吊车"的设想，把一些笨重的东西吊到阳台上来。他们只用三合板做了高层楼房的小模型，把一个玩具电动机、木制吊车杆用螺丝夹在用三合板做成的"阳台立墙"上。因为没有做成实物，就无法通过实际应用的检验。他们设计的时候，也没有考虑到阳台立墙的承受力。如果这种"阳台小吊车"真正做成实物交付使用，很可能会由于多次提升重物，使阳台立墙受力的一面发生断裂、倒塌。所以只限于模型的"阳台小吊车"是没有实用性的。

2. 能否产生效益？

要看小发明能不能解决生产、工作、生活中的实际问题，产生好的社会效益。

例如，平时人们空的拖鞋只能朝一个方向穿进去，如果脱拖鞋的时候，把拖鞋放倒了，那么到穿的时候还需把它摆正才能穿。日本一位退休妇女横山康子想到，要是能发明一种两面都能穿的拖鞋该多好。不管顺放倒放，只要脚一下地就能很快地穿上。她经常思考这个问题，终于想出了一个办法，发明了两面都可穿的鞋。她的发明很简单，只是将拖鞋的十字搭攀移到中央就成功了。这项发明很快得到日本厂商的注意，制造出新式的拖鞋，供应市场。这种发明的实用性就很强。

展示台

锯子的发展

锯子自鲁班发明至今，发展非常迅速，推动了社会的进步和文明的进程。其锯长从10多厘米的小锯发展至现在的长为3～4米的大锯，其形状从刀片锯发展为二链锯、鱼肚锯、圆盘锯，其动力从手锯发展到电锯，其功能从锯木的发展为锯钢的、锯石的、锯玉的、锯泡沫的、锯玻璃的……

其实,锯子的发展史,就是一部创造发明的演变史,彰显的是劳动人民的聪明才智和无穷无尽的创造力,图1-3-7是活跃于锯子市场上的各类产品的缩影。无论哪张桌子、哪件国宝、哪架古琴、哪座大桥、哪幢大楼都有它们的功绩。

图1-3-7

第四节　创客之智

小故事

孔明灯

相传三国时期,诸葛亮被司马懿围困在平阳城,全军上下束手无策。诸葛亮想出一条妙计,算准风向,命人拿来白纸千张,糊成无数个灯笼,再利用热气球原理使它们升空,如图1-4-1所示。营内的士兵高呼着:诸葛先生坐着天灯突围来啦!司马懿竟然信以为真,带兵向天灯的方向追赶,诸葛亮得以安然脱险。于是后世就称这种灯笼为"孔明灯",传颂他高超的军事智慧和政治才能。更为人称道的是,孔明灯被诸葛亮发明出来之后,得到

图1-4-1

了人们的喜爱并延续至今。人们每逢喜庆的时候就通过放孔明灯进行祈福,这个时候人们将自己的心愿写在小纸条上,让孔明灯带着飞上天空,所以孔明灯又有祈福、祈愿的作用。每当重大的节假日,比如元宵节和中秋节等节日,人们都放飞孔明灯祈福祈愿。

点金石

发明之智

诸葛亮是三国时期的蜀汉丞相,著名的政治家、军事家、书法家、散文家、发明家。他是中国传统文化中智慧的化身。他有许多发明创造,留传后世,展示了他发明上的才智,这就是发明之智。

除了孔明灯外,他还发明了"木牛流马"(木制的带有幌动货箱的人力步行式运输器具)、"馒头"(用面粉和面裹以肉做成人头状顶替人头用以祭祀,自此以后很多祭祀的祭品除了猪、牛、羊外多了馒头)、诸葛连弩(在较短时间内能发射十支箭,杀伤力很强,如图1-4-2所示),还有孔明锁、木兽、地雷等。诸葛亮就是凭借他的临危不惧、勇于担当、善于创造、智于发明、克敌制胜的优秀品质,将他的聪明才智奉献给国家和人民。那么我们如何借用诸葛亮的智慧来搞发明创造呢?得再回顾一下他智慧退兵的具体表现。

图1-4-2

诸葛亮被司马懿围困在平阳城,全军上下束手无策,通常这时指挥官只有三种选择:一是突围,二是死守,三是投降。可诸葛亮却选择了前人从未使用过的用孔明灯退敌的方法,竟然不废一兵一卒,全军脱险,如同他的空城计退敌一样,创造了古代战争史上的又一个奇迹,彰显了诸葛亮临危不惧的高超智慧。我们将这种智慧称为非凡的创造力。

说其是非凡,是因为这种创造力爆发于一场生死存亡的紧急时刻,要有急中生智的综合性本领。具体表现为:

1. 算准风向:掌握高深的天文知识,知道当天晚上的天气变化和风向。

2. 会制灯笼:命人拿来白纸千张,糊成无数个灯笼。

3. 掌握原理:利用空气受热膨胀产生的热力升空。而升空的灯笼在漆黑的夜空中具有传递消息、通风报信的功能。

4. 制造假象:将能飞的无数只灯笼,冒充为无数的天兵天将乘坐的天灯。

5. 打心理战:让士兵高呼"诸葛先生坐着天灯突围啦",引司马懿上当。

6. 胸有成竹:司马懿竟然信以为真,带兵向天灯的方向追赶,诸葛亮的队伍得以安然脱险。

7. 有前瞻性:诸葛亮在退兵之前,出其不意,先采取行动,制作会飞的灯笼,迷惑敌人。这成为一条克敌制胜的妙计,并能沿用至今。每当遇到重大的节日,人们都会放飞孔明灯来祈福,人们在放孔明灯的时候将自己的心愿写成小纸条,让孔明灯带着飞上天空。

上述的前三个表现(1、2、3),源于诸葛亮的知识水平,后四个表现(4、5、6、7),彰显的则是诸葛亮的智力、能力及优良的个性品质。其综合表现为诸葛亮在紧急危难的关头所呈现的一系列连续的复杂的高水平的心理活动。这就是诸葛亮发明孔明灯时所显示的创造力。我们搞发明创造的,就是要借用诸葛亮的智慧,不断提高自己的知识水平和创造力。

由此我们可给创造力下一个这样的定义:创造力是由知识、智力、能力及优良的个性品质等复杂多因素综合优化构成,它是人类特有的一种综合性本领,是一系列连续的复杂的高水平的心理活动,是一流人才和三流人才的分水岭。而发明则是培养创造力的最佳载体。

第一章 入门点金

 工具箱

发明从何入手

可从自己家里最常用的东西(如食品盒)入手,去看、去用、去说、去做、去问。然后围绕下列思路去想,也许能想出一个发明的点子来,不妨试试。

1. 该食品盒是否有类似的产品,利用这些类似的产品能否展开联想,产生新的观念,设计出新的类似产品,有新的用途、新的款式、新的使用方式等。

2. 能否从"加"的角度去思考:如增加一些功能、颜色,或使其加大一些、加长一些、加高一些、加宽一些等。

3. 能否从"防"的角度去思考:如防毒、防锈、防盗、防摔、防霉等。

4. 能否从"可"的角度去思考:如可量、可拆、可洗、可折、可换等。

5. 能否从"保"的角度去思考:如保鲜、保温、保洁等。

6. 能否从"易"的角度去思考:如易洗、易收、易修、易换、易吸等。

7. 能否从"变"的角度去思考:如改变其形状、材料、色彩、功能等。

8. 能否从"代"的角度去思考:如可否代替,用什么代替,怎样代替等。

9. 能否从"换"的角度去思考:如可否变换其模式、排列、工序、成分等。

10. 能否从"合"的角度去思考:如可否重新组合,可否尝试混合、合成、配合,可否把物体组合、把目的组合、把特性组合、把观念组合等。

 演练场

小试牛刀

结合你最喜欢的学具(如文具盒),根据上述"发明从何入手"的 10 个点子,说出你的发明点子。请将答案填在方框中,并按下列要求自我评价:

说出 3 个点子为合格,5 个点子给优秀,6 个点子给铜牌,8 个点子给银牌,10 个点子给金牌,以示鼓励。(请及时将等次记录在本书末页的表中)

信息链

发明的科学性

衡量小发明的质量，还有一个重要的标准，那就是科学性。

1. 何谓科学性？

科学性指的是发明的性能、原理、构造、方法等要有科学依据，不违背科学原理，没有科学性错误，不损害人们、社会的整体与长远的利益。

譬如，艺术大师达·芬奇曾经设计过永动机，如图1-4-3所示。他认为这种机器不消耗任何能量和燃料，却能源源不断地对外做功。其设计方案是：轮子中央有一个转动轴，轮子边缘安装着12个可活动的短杆，每个短杆上的一端装有一个铁球。他设计时认为，右边的重球比左边的重球离轮心更远些，在两边不均衡的作用下会使轮子沿箭头方向转动不息。

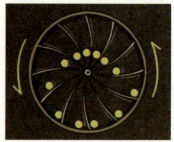

图1-4-3

但实验结果却是否定的。达·芬奇敏锐地由此得出结论：永动机是不可能实现的。事实上，由杠杆平衡原理可知，上面的设计中，右边每个重物施加于轮子的旋转作用虽然较大，但是重物的个数却较少。精确的计算可以证明，总会有一个适当的位置，使左右两侧重物施加于轮子的相反方向的旋转作用（力矩）恰好相等，互相抵消，使轮子达到平衡而静止下来。其实，永动机的设计违反了能量转换和守恒定律，因此，它是不科学的，当然也是不会成功的。

2. 如何判断？

这是一项比较复杂的工作。一般要经过认真的实验检查、分析、鉴定。这些工作除了有些项目发明者可以自己做以外，有不少项目需要有关科研单位帮忙解决，才能对它的科学性做出正确的结论。

例如："多功能生态灯具"是一项引人注目的发明。它的灯罩是一个密封的玻璃球，里面装有水，小热带鱼在水草丛中游来游去，柔和的灯光透过水和玻璃球灯罩射出来，灯具下还附加时间显示、定时喷香、放出电子音乐、收听广播和兼做文具盒等多种功能。设计别具一格，是一个新颖实用的灯具。这个密封的灯罩里不透空气，能够养鱼，鱼能存活好几个月，既不用换水，也不用喂食，草总是那样的绿，水总是那样的青。

这是什么原因呢？有没有科学道理呢？经过国际上的查新检索，证明它是前所未有的。经过对水的配方实验及较长时间的使用验证，证明它确实能在特定造型密封容器的小环境中保持鱼、水、草、空气的平衡。因此，这种"多功能生态灯具"是符合科学性的。

在鉴定一项发明的科学性时，不仅考虑作品本身，还要注意考虑其他因素，如环境因素、安全因素等。有一位同学发明一种无泪蜡烛，是用几层塑料薄膜把普通蜡烛包起来，使蜡烛亮度增大，不流泪，耐燃。但是，这种蜡烛在燃烧过程中，周围的塑料也跟着燃烧，塑料燃烧时放出有毒气体，造成了环境污染，危害人们的健康。所以，这项发明不具有科学性。因此，在创造发明过程中，一定要按照一定的科学道理进行构思、设计与制作，决不能盲目行事。

综合上面的信息链所述，发明必须符合新颖、实用和科学这三个原则，这也是发明的三条质量标准。它们是互相联系、相辅相成的。不新颖就不能成为创造发明。有了新颖，但不实用，缺乏使用价值，就没有实际意义，不会被人们承认，起不到提高经济效益和社会效益的作用。不科学，在科学原理上站不住脚，或者发明不了，或者即使发明了但没有使用价值，也就没有发明的必要。

因此，鉴定一项发明要以"新颖、实用、科学"的标准综合起来进行分析、去选题、去构思、去设计、去制作。这样，才有可能创造出比较好的发明来。

展示台

镇馆宝灯

由孔明灯，我们能联想到灯的发展史。从钻木取火得到的火把，到用动植物油脂制成的液体灯，到方便使用的固体蜡烛灯，到既能调节火焰又不容易被风吹灭还可移动的煤油灯，到不同功率的白炽灯、提高效率的日光灯、现代化的LED灯，无不彰显出劳动人民发明创造的无限魅力。

再说中国的古灯，一旦和艺术融为一体，其文物的价值已经超越了灯具本身，已经成为不少收藏家乃至博物馆的镇馆之宝，虽然历经千年沧桑，却依然光彩照人，如图1-4-4所示。

图 1-4-4

其中的图 A 为河北省博物馆的镇馆之宝，西汉时期的长信宫灯；图 B 为故宫博物院藏的西晋时期的青瓷骑兽烛台；图 C 为唐代的三彩釉陶制烛台，是私人藏品；图 D 为中国国家博物馆藏的唐代的白瓷灯；图 E 为东汉时期的人俑坐陶灯；图 F 为湖南省博物馆藏的汉代的铜牛灯；图 G 为国家博物馆藏的三国时期的铭瓷熊灯；图 H 为唐代的彩绘四龙莲花陶灯；图 I 为南越王墓博物馆藏的龙形灯；图 J 为战国时期的支钉灯，它的出现正式拉开了灯具的历史，完成了从豆到灯的转变；图 K 为福建昙石山遗址出土的东方第一神灯·陶灯；图 L 为浙江省博物馆藏的东汉越窑黑釉熊形灯盏；图 M 为甘肃省博物馆藏的金代的耀州窑青釉狮形灯盏；图 N 为西晋时期的青瓷狮形烛台；图 O 为东汉时期的铜人形双吊灯；图 P 为广西昭平墓出土的东汉时期的铜人吊灯；图 Q

为湖南省博物馆藏的东汉时期的铜人吊灯,开中国人形吊灯史之先河;图 R 为红陶豆型陶灯;图 S 为故宫博物院藏的西汉时期的铜羊灯;图 T 为河北省博物馆藏的西汉时期的朱雀灯;图 U 为河北省文物研究所收藏的战国时期的铜像灯。

还有的如图 1-4-5 所示。其中的图 A 和 B,分别为河北省文物研究所收藏的战国时期的银首人形灯和十五连枝铜灯;图 C 为故宫博物院藏的战国时期的玉勾连云纹灯;图 D 为河南三门峡上村岭出土的战国跽坐人铜灯;图 E 为湖北省博物馆藏的战国时期的骑驼人形灯;图 F 和 G 为国家博物馆的两件镇馆之宝:西汉时期的彩绘铜雁鱼灯;图 H 为西安市文物管理委员会收藏的西汉时期的鎏金羊形铜灯;图 I 为南京博物院的镇院之宝:东汉时期的错银铜牛灯;图 J 为南京博物院藏的汉代时期的铜牛灯;图 K 为甘肃省博物馆藏的战国晚期的鼎形灯;图 L 为浙江省博物馆藏的新石器时代的刻花陶灯;图 M 为春秋战国时期的"豆",属于灯的前身;图 N 为辽宁省博物馆藏的战国时期的羊灯;图 O 为中国历史博物馆藏的战国时期的铜人擎双灯;图 P 为河北省博物馆藏的西汉时期的卧羊灯。

图 1-4-5

第一节 柳暗花明

  小故事

防爆充电器

扬州中学教育集团树人学校的车京殷同学(本书中提到的发明的发明者如无特殊说明都是该校的学生,以后的校名略)在《扬州晚报》上看到扬州仪征某公园发生电动游船爆炸的消息后对此引发了关注。通过调查研究,发现南京、扬州等地也多次发生了车库内电动自行车充电时自燃爆炸的现象。究其原因,主要是蓄电池充电过程中温度过高而导致的鼓胀爆炸。那么怎样才能确保蓄电池在充电时的温度始终保持在正常状态呢?于是他萌发了发明安全可靠的电动自行车充电装置的设想。他正在冥思苦想的某一天,猛然被家中电水壶烧水的鸣叫声惊醒。咦?能否也像电水壶烧水沸腾时自动跳闸关断那样,在电动自行车充电器上也实施温感控制呢?这样不就从发热源头上解决充电时电池温度过高的问题了吗?

受此启发,他尝试着在普通电动自行车充电器上设计加装一个温度控制装置,通过温度传感器和继电控制装置等器件,组装一个温度保护控制装置,加装在充电器的输入端,控制充电器的运行,确保在蓄电池温度过高时,能够自动切断充电电源,从而保护蓄电池,解决因温度过高而导致蓄电池鼓胀爆炸的问题。在试验中了解到蓄电池最佳工作温度为28度,考虑到夏季环境室温较高,甚至会达到40度以上,以及充电保护的安全阈值等因素,将温度传感开关设置在65度为宜,将其作为安全充电温控防爆保护刻度。在热敏器材的选择上，一开始试用了温度探头，但其体积过大、安装复杂，考虑到经济实用因素，经过反复试验，最终选用了温感开关。并且自制了环绕蓄电池外壳的传热迅速的金属卡带，确保温感灵敏、反应迅速。为了获得良好的试验效果，找来一个电炉模拟蓄电池发热升温环境，并进行了多次有效的试验。同时考虑到有声音报警需要，在电路中还设计了蜂鸣器报警装置。他将该发明命名为"电动自行车安全温控防爆充电器"，其实物演示图和结构图如图2-1-1所示。

图 2-1-1

该发明荣获中国青少年创造力大赛金奖、国际发明展览会金奖和江苏省青少年科技创新大赛一等奖、扬州市青少年科技创新市长奖，他还被评为中国少年科学院十佳小院士，如图2-1-2所示。

图 2-1-2

 点金石

柳暗花明

车京殷发明的"电动自行车安全温控防爆充电器"，其实质是在原有充电器的基础上，附加了一个温度控制装置，就解决了蓄电池充电过程中因温度过高而导致的鼓胀爆炸问题。它适用于电动自行车的安全充电,发现于某公园电动游船的爆炸事件,灵感产生于电水壶烧水沸腾时的鸣叫声。

其发明思路是:主体 + 附件 = 发明作品,即 物体 + 物体 = 新物体。

充电器出现了问题,犹如"柳暗",温控装置的加入解决了问题,好比是"花明"。我们将这种发明技法命名为柳暗花明法。前一个物体是主体,后一个物体是附件。柳暗是主体,主体不变。花明是附件,附件新增。发明的关键在于新增的附件是怎样解决主体的不足,其发明的本质就是"缺点法",即:针对主体的缺点,用新增的附件来克服它。

这种技法的应用非常普遍。如树人学校初中生朱士泽发明的改进型不粘式厨刀,获江苏省青少年科技创新大赛工程类三等奖。如图 2-1-3 所示。其中的图 A 是家中的传统厨刀,其显著缺点是刀口容易附着食物。图 B 是市场上有售的不粘式厨刀,但仍有小粒食物陷在厨刀的凹陷处,并不理想。图 C 中的主体是传统厨刀,附件是原厨刀的刀锋两侧附加的小刀片。该刀片的厚度控制在 0.1 mm 左右,高度在 5 mm 左右,就成功解决了食物易附着的问题,效果显著。

图 2-1-3

图 2-1-4

再如树人学校初中生刁逸君发明的新型跳绳,就是在传统跳绳(主体)的基础上,附加了计数器和倒计时器这两个器件(附件),解决了初三体能测试中跳绳练习时,一个人跳绳,旁边要两个人帮忙分别计时和数跳绳数的问题。附加的计数器和倒计时器替代了两个人的帮忙,实现了跳绳者独自完成跳绳、计时和计数的设想。该发明获江苏省青少年科技创新大赛工程类二等奖,获得专利,并在《少年发明与创造》杂志上发表。现在初三学生中考跳绳训练用的跳绳器基本上都是该专利的产品,如图 2-1-4 所示。

思维营

发 散 思 维

上述的改进型不粘式厨刀,用了 1 个附件,新型跳绳用了 2 个附件,而温控防爆充电器则是用了 6 个附件,这 6 个附件都是为了自动调节电动车蓄电池充电时的温度能始终处于正常状态。它们分别是:①温度传感器,②温控继电器,③热敏电阻器,④阈值调节器(阈值设定为 65 ℃),⑤蜂鸣报警器,⑥红绿指示灯。

将上述 6 个附件分布在主体(蓄电池充电器)的周围,围成发散思维图,其思维从蓄电池充电器(主体)出发,向着改进的目标(附件)发散,如图 2-1-5 所示。其思维特征为发散思维,它是创造性思维最为显著的特征,是测定创造力的主要标志。

图 2-1-5

发散思维是从一个目标出发,沿着各种不同的途径去思考,探求多种答案的思维。其发散的指向越多,改进的方法也就越多,其发明的方案也就越多。一个小小的苹果手机,据说拥有上千个专利,就是说,有上千个发散思路,真是不可思议。正因为如此,乔布斯才能成为世界顶级的成功企业家。

小 试 牛 刀

请你选择家中最常用的一件用具(如雨伞)为主体,指出其使用中的缺点。再根据图 2-1-5 所示的发散思维图,围绕主体的缺点进行发散思维,找出克服缺点具体方法(附件)。请将答案书写在方框中,并按下列要求自我评价:

写出 1 个克服缺点的附件为合格,2 个给优秀,3 个给铜牌,4 个给银牌,5 个给金牌,并请及时将等次记录在本书末页的表中。

展示台

机械式锅具防溢支架

上述的"柳暗花明"发明技法,其本质是以原有产品缺点为切入点,以添加附件为解决问题的突破口,实现柳暗花明的效果。所以这种发明技法还可起名为"主体附件法"或"缺点列举法"。下面介绍李想同学发明的"机械式锅具防溢支架",在主体锅具的基础上附加一个支架,如图2-1-6所示,解决锅具在煲汤、熬粥过程中发生的沸溢现象,效果十分显著。

该发明荣获中国少年科学院小院士课题研究成果展示与答辩一等奖和江苏省青少年科技创新大赛一等奖,并获得国家专利证书,李想同学也成为全国十佳小院士,如图2-1-7所示。

图2-1-6

图2-1-7

一、问题背景

锅具在煲汤、熬粥的过程中,经常会发生沸溢现象,一方面污染了锅体和灶具,造成清洗不便;另一方面可能造成煤气泄漏而危及人的生命。正是父母的一句抱怨触发了李想的灵感:能不能发明一种机构,在锅具沸溢时迅速将锅盖提起来。受网上类似于多米诺骨牌效应的连锁触发游戏的启发,他立刻想到运用杠杆支架,一头用提绳,一头用重锤。但在如何触发重锤上,他遇到了难题,他向爸爸求助,爸爸非常赞赏李想的创意,并鼓励他多动脑筋,看能不能从玩具上找到借鉴和灵感。李想想到了儿时玩过的弹弓枪,只要一扣扳机,子弹便在皮筋的作用下快速射出。他立即动手用铁丝、皮筋等在家里的电饭锅上试着制作。他首先在锅体上对称地竖着绑了两根木条做支架,用粗铁丝一头做成钩形,一头弯成水平U形,中间再绕个圈,穿过圈用铁钉钉在木条上作为活动支点,粗铁丝一头钩着皮筋,另一头的水平U形则钩到另一根木条上的也是以铁钉做活动支点的扳机环上,而扳机末端则紧靠在锅盖的弧面,锅盖提钮用绳子吊扣在粗铁丝的中部。本想利用锅盖的沸溢上抬,使弧面挤靠扳机末端,但实际试验时沸溢的锅盖却发生了倾斜,根本挤靠不开扳机。李想又改变了力臂比例进行试验,仍无法触发。他一时无计可施,难免有点心灰意冷,但脑子始终在想着:能有什么东西既有一定预力又能被轻巧触动?

一天,李想的手随意玩着墙上的电灯开关,发现开关在揿到中间位置时具有不稳定向两边回弹的趋势,他突然来了灵感:这个能不能被我利用呢? 在爸爸指导下,他拆下开关进行了仔细的研究、分析:开关揿到中间位置时,小弹簧处于被压缩状态,而作用力却通过钢珠上的点,这当然不能稳定了,他找来圆珠笔上的弹簧,用两指压缩,当压缩到一定程度,弹簧中部迅速凸起,或者他手指保持一定压缩,在弹簧中部轻轻一碰,弹簧便迅速凸起。他的眼睛一亮:这不正是我苦思冥想要找寻的吗!他终于找到了方向。爸爸讲,这实际是两个共线力作用在一个"点"上的临界平衡,这个点在结构上讲就是死点,这种平衡只存在于理论上,实际中难以办到,就像玻璃上立针一样。其力的平衡原理模型如图2-1-8所示。

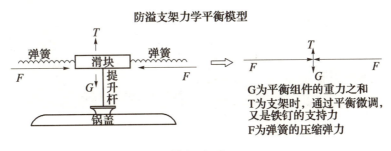

图2-1-8

二、制作过程

要利用弹簧在压缩状态下中部的弹凸起到带动作用,就需要在弹簧中部断开而设一个连接过渡。李想先做一块木块,两头钉上钉子,分别套上弹簧,木块中部垂直插接上粗铁丝做提升杆,另找一根木条,中间打一个孔用以穿过提升杆,在孔的两边一定距离钉上铁钉并向中间弯曲,将这种木块上的弹簧另一头分别套在这弯曲的钉上。当他按下木块,弹簧却走形压缩不起来,于是请教爸爸。爸爸建议在弹簧中心穿一根导向杆。在爸爸的指导下,李想将木块两端各锯出一个槽,再垂直横向钻出销钉孔,将粗铁丝一头拍扁、打孔,用销钉铰接在木块两端的槽中,套上弹簧后,一个弹簧压缩回复模块就做好了。在爸爸的帮助下,李想用铁皮做了一个拱形支架,也用铁皮做了一个弹簧(导向杆)支承座耳,将其固定在支架上,支架中心打一个孔,将连在木块上的提升杆穿过该孔;套有弹簧的两根导向杆分别穿过座耳孔(该孔直径比弹簧小,为便于安装,将弹簧压缩后裹上胶带保持住)。但按下木块后松开手,木块回复却不自如,经常在弹簧的作用下歪斜使得提升杆与支架中心孔别住,于是李想在木块外边制作了一个铁皮的保持导向罩并将之固定在支架上,这时木块运动就自如了。为使提升杆能与锅盖连接,李想做了一个铁皮的提钮卡夹,在卡夹上端打一个孔,穿进一个带孔的锁紧螺母,而提升杆正是穿过这个孔被锁紧实现与锅盖的连接。在确定如何能快捷地将支架整体固定到锅具上时,李想费了一番脑筋,最后将目光盯在了常用的长尾票夹上。

制作的具体过程如图 2-1-9 所示,图 A 为制作支架,图 B 为安装弹簧支承座耳,图 C 为制作滑块,图 D 为制作铰接导向杆和旋接提升杆,图 E 为在导向杆上套上弹簧后形成滑块组件,图 F 为安装滑块导杆,图 G 为安装滑块组件,图 H 为导杆上旋上调节螺母,图 I 为滑块上旋入平衡微调螺钉,图 J 为支架末端安装锅耳夹持按下滑块使提升杆插入卡夹锁紧孔中。

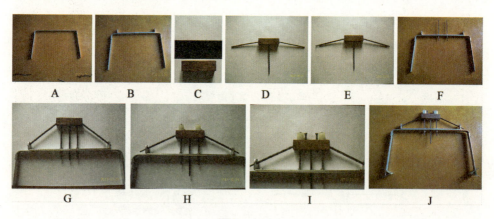

图 2-1-9

整个支架做好后,李想迫不及待地装在电饭煲上进行煮粥试验,但粥沸溢时却没有弹起,原来是木块被压得太低。于是他又在木块中心两侧各打一个螺纹孔,装上螺钉来控制木块压下去的位置,这便成了平衡点的微调螺钉。经过反复调整,李想终于获得了成功,防溢效果非常显著。暑期中他又对材料和结构进行了改进,使防溢支架变得更加简单轻便。

三、操作步骤

初次使用需按以下几个步骤进行,对于同一锅具以后再使用的话,只需 A～D 步骤即可。具体操作过程如图 2-1-10 所示。

A. 卡上锅钮卡夹

B. 将支架夹持在锅耳上

C. 按下滑块使提升杆插入卡夹锁紧孔中

D. 旋紧锁紧螺母

E. 向下旋调平衡微调螺钉至锅盖刚好抬起

F. 回调平衡微调螺钉半圈

G. 再次按下滑块并保持,松开锁紧螺母,使锅盖盖严后再锁紧,插上电源

H. 锅盖自动抬起后,可调节行程调节螺母使锅盖抬起适合高度

图 2-1-10

四、创新说明

本发明是一种单机械式的,用于家庭普通锅具上的防溢支架,主要针对老式电饭锅。其方式是提起锅盖防溢;原理是压缩在平衡点位置的弹簧滑块机构被沸溢的锅盖微动触发后迅速回弹而提起锅盖。其特点是可方便快捷地固定在锅具上;能在一定范围适应锅具直径和高度要求;可根据锅盖重量调节平衡点。锅盖抬起高度可调,防溢效果明显。

利用百度搜索引擎检索"锅具防溢器",有两类防溢方式:一是反馈控制电热火力;二是提起锅盖。控制火力有个温度反应过程,是不是迅速灵敏不得而知,且这类防溢需要专门的锅、灶配套,造价一定很高。检索提起锅盖这类防溢方式又搜索到两种发明:一是利用空心管、弹簧和磁铁等,具体构造、原理无从查获;另一种是传感器加电磁机构,结构复杂不说,造价也高。反观李想的制作,结构简单、安装方便快捷、动作灵敏可靠。

第一,它设计新颖,构思巧妙:将滑块、弹簧、弹簧导向杆、提升杆与锅盖作为一个模块,设计成不稳定的临界状态,只需对锅盖施加一点向上的力,滑块便会迅速弹起,进而带动锅盖上抬实现防溢,也可在沸溢消退后再次按下滑块以节约能源。

第二,适用范围广:铝合金支架有一定的弹性,能够适应不同直径的锅具;下面李想将在支架末端开纵向滑槽以使锅耳夹持可上下移动,便能满足不同锅具高度上的要求(当然,提升杆与锁紧孔的配合本身也能适应一定高度变化);滑块的上行距离(即锅盖抬起高度)可通过行程调节杆上的调节螺母调节,这扩大了不同食品的适应性;不同锅盖重量不同,其与滑块、弹簧、弹簧导向杆之间所处的不稳定临界状态存在差异,通过调节平衡微调螺钉获得相应的合适位置,满足不同锅具的具体要求。

第三,李想计划在要开的滑槽上对称加设两个向内悬伸的柔性弹簧击锤,在锅盖快速提升撞击锤头时发出声响起到报警作用,这样的话,他的发明就很完美了。总之,李想相信他的防溢支架会凭着简单可靠、便宜实用的性能而走进千家万户的厨房。

五、完善设想

在支架下端开纵向滑槽,改变锅耳夹持上下固定位置,适应不同的锅具高度上的要求,并在滑槽上加设向内悬伸的弹簧击锤,在锅盖快速提升时撞击锤头发出声响起到报警作用。

第二节 貌合神离

小故事

菜汤方便分离勺

我们平常吃饭时,用勺子舀菜常遇到菜、汤一起舀的情况,怎样才能只舀到菜或只舀到汤呢?刁逸君同学受鸳鸯火锅结构的启发,解决了这个问题。半面是漏勺,半面是实勺,漏勺将汤漏了盛菜,实勺利用漏勺将菜隔离在勺外而舀到汤,这就是"菜汤方便分离勺"。

她先找来一把普通的汤勺,再找来一个与它半径同样大小的漏勺,剪下一半,成90度焊接在汤勺右边,半个漏勺挡在汤勺的右上方。但在喝汤时,上面漏勺的边容易碰着她的鼻子。鼻尖上沾了油多难堪啊!精益求精的她立马重新制作,她将90度改成了45度。经过小心翼翼地焊接之后,一把神奇的勺子诞生了。使用这把勺子时,必须左边先下,让菜与汤一起进勺,向右倾提起来,汤就会从上面的漏勺里漏掉,只剩下菜。如果只要汤,就让汤勺上面的漏勺挡住菜,向右舀,就把菜隔离在勺外,只舀汤。该发明获江苏省青少年科技创新大赛一等奖并获得了国家专利,在天津师范大学出版社出版的《青少年科技博览》杂志2013年第2期上发表,刁逸君同学获江苏省青少年发明家的殊荣,如图2-2-1所示。

图2-2-1

点金石

貌合神离

刁逸君的"菜汤方便分离勺",其勺一分为二,半面是漏勺,半面是实勺。虽然一分为二,其实合为一体,勺的实物如图2-2-2所示。用前貌似一个整体,用时漏、实二勺各显神通,将菜、汤分离,刁逸君将其命名为"菜汤方便分离勺",意指使用该勺,菜与汤能方便分离,有貌合神离之妙。合是形,离为神,合乃虚,离则实,顾将其发明技法取名为"貌合神离"法。

图2-2-2

将上述的"合"拓展,可表达为把多个物品、多种功能合在一起。如将多种不同的名酒按一定的比例合并在一起,就能勾兑成鸡尾酒,它们虽然能在同一杯中,却能有序分离,真乃貌合神离。又如用万用表将电压表、电流表、电阻表合并,能分别测电压、电流和电阻;把小刀、指甲剪、开啤酒瓶的起子合在一起,成为多功能刀;把床、柜合并在一起,成为多功能床,可坐可睡,还可以放东西。

再将上述的"离"拓展,就是分,可表达为把一个物分为多个物,如把一把勺子分成漏勺和实勺,把鸳鸯火锅分成红锅和白锅等。

思维营

辩证思维

上述"貌合神离"中的合与离(分),可谓是辩证的一对。《三国演义》第一回"话说天下大事,分久必合、合久必分",指的就是人或事物的变化无常,分合无定。这是一种以变化发展视角认识事物的思维方式,我们将它称为辩证思维。它通常被认为是与逻辑思维相对立的一种思维方式。在逻辑思维中,事物一般是"非此即彼""非真即假"。而在辩证思维中,事物可以在同一时间里"亦此亦彼""亦真亦假"而无碍思维活动的正常进行。辩证思维是一个整体,它由一系列既相区别又相联系的方法所组成,主要有下列两种:

1. 归纳演绎

归纳和演绎是最初也是最基本的思维方法。归纳是从个别上升到一般的方法,即从个别事实中概括出一般的原理。演绎是从一般到个别的方法,即从一般原理推论出个别结论。我国著名数学家华罗庚提倡读书要多做笔记,多做习题,就把薄书读成了厚书,因为有了大量的训练,就对书中的基本原理、论证核心逐步有了深刻了解,将其提炼后,其余部分都是融会贯通的结果了,而基本原理、论证核心是不多的,所以又把厚书读成了薄书。然后将其归纳为"由薄到厚、由厚到薄"的读书辩证法。其核心是"薄→厚→薄","薄→厚"是演绎,"厚→薄"是归纳。著名表演艺术家梅兰芳在总结其50年的舞台经验时的六个字"少、多、少"和"约、博、约",以及电影艺术家赵丹逝世前对女儿赵青的临终遗言"要深知创造艺术'从少到多、从多到少'这个道理",上述二位艺术大师的金玉良言,用公式概括,就是"少→多→少"和"约→博→约",这与华罗庚的读书心法"薄→厚→薄"有着异曲同工之妙。其表达非常简练,内涵却相当丰富,有着思维上的辩证意义。

2. 分析综合

分析是在思维过程中把认识的对象分解为不同的组成部分,对它们分别加以研究,认识事物的各个方面,从中找出事物的本质。综合则是把分解出来的不同部分按其客观的次序、结构组成一个整体,从而认识事物的整体。分析和综合是两种相反的思维方法,但它们又是相互联系、相互转化、相互促进的,是更深刻地把握事物本质的思维方法。用公式来概括的话,那就是"分→合→分"。其中的"分→合"为综合,"合→分"为分析。

分析又是将未知推演还原为已知的思维方法,其思维路线是"欲知→需知→已知"。如包昕玥同学设计的安全环保型智能渣土车(图2-2-3)是"欲知"。自动装卸

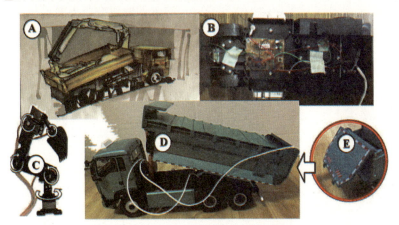

A 为设计图;B 为超重传感器安装;
C 为六自由度三维旋转机械臂;D 为模型车身;E 为模型的翻斗车厢后挡板

图 2-2-3

可以增强渣土车的功能,使渣土车的装卸更加便捷,提高效率和效益。渣土车的主要危害是交通事故和空气污染,需要防超载和防扬尘;渣土车的弯道内轮差和视觉盲区也是致命缺点,需要安装弯道雷达和报警器,避免交通事故的发生;北斗导航定位,能实现智能监控和提醒,有效解决渣土车的随意倾倒、超速行驶、影响市民和监管失控等实际问题等是"需知"。自动装卸、双防系统、弯道雷达和智能监控等技术等属于"已知"。

综合又是指从已知出发,逐步跟所求量联系起来而得解题途径的方法。其探索路线是"已知→可知→欲知",如陈心宇同学以家中已有的太阳罐为研究对象,看到它很奇特,在阳光下照几个小时,晚上就能自动发出光来。为了探索其中的秘密,她打开太阳罐,发现罐内由太阳能电池板和LED灯等组成,太阳能板下面有电池,它们之间用电线连着。原来太阳能电池板在阳光下吸收了充足的太阳能,储存到下面的电池中,晚上打开开关,灯自然就能亮起来了。理解了其工作原理后,她的创造欲望被激发,发明了"太阳能迷你灯",如图2-2-4所示。上述思维过程,太阳罐为"已知",其中的原理为"可知",太阳能迷你灯则为"欲知"。

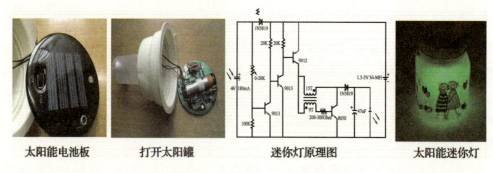

图2-2-4

上述两个作品都参加了中国少年科学院小院士课题研究成果展示与答辩活动,分别获全国一等奖和二等奖,包昕玥还获全国十佳小院士的荣誉称号。

演练场

小试牛刀

请你参考上述的"貌合神离"发明技法,结合陈心宇同学的创新案例,利用你家里已有的电动小玩具,设计一个新的发明方案。将其书写在下面方框中,并按下列要求自我评价：写出方案名称的给合格，有具体内容的给优秀，画成草图的给铜牌，制作成实物的给银牌，实物展示并效果显著的给金牌。（请及时将等次记录在本书末页的表中）

展示台

安全环保型智能渣土车

这是全国十佳小院士包昕玥在颁奖会上介绍她的发明作品《安全环保型智能渣土车》，该发明还荣获中国青少年创造力大赛金奖，如图 2-2-5 所示。

图 2-2-5

1. 灵感来源

该发明源于她每次从扬子江路经过时，都会看到浑身泥土、呼啸而过的渣土车，所到之处，尘土飞扬，空气混浊。如此庞然大物，突然从身边穿过，让人不寒而栗。渣土车超载超速导致交通事故频发，路面破损；沿途抛洒、遗漏，随意倾倒等现象使城市环境遭受扬尘污染,如图 2-2-6 所示。包昕玥同学由此想到发明智能渣土车,使之能够既满足城市建设的需求,又能减少或避免交通事故和空气污染。

2. 调查统计

她通过百度对 2012 年以来扬州地区有记载的渣土车事故进行了不完全统计,共 28 起,造成至少 16 人死亡、11 人受伤。每一事

图 2-2-6

故现场都是触目惊心,而且事故率呈现逐年上升的趋势。据统计,造成这些交通事故的主要原因有超载、超速、右转弯以及视觉盲区的剐蹭等。右转弯 8 次,超速 6 次,超载的更多,50% 以上的渣土车超载,而且超载率都在 200% 以上。2017 年 3 月 21 日交警在扬子江中路查扣了一辆超载的渣土车,该车核定载质量 25 000 kg,超载质量 44 960 kg,超载率达到 179.84%。目前我市渣土车公司已经达到了 25 家,从业人员 600 多人,但目前渣土运输存在安全和环境问题:扬州渣土车交通违法大量存在;重大事故时有发生;抛洒遗漏、偷倒渣土屡见不鲜;文明行车意识不强。

3. 原因分析

根据前面的调查和统计,渣土车发生交通事故的主要原因有超载、超速和右转视觉盲区等。那么,这些因素造成的危害有哪些呢?

(1) 超载:一方面,超载增加了渣土车的惯性,使制动距离加大,从而增加了事故发生的概率;另一方面,超载使得渣土车的重心升高,增加了侧翻的风险。另外,超载又没加盖,往往还会导致严重的空气污染。

(2) 超速:超速带来的危害更大。超速不仅增大了制动距离,还增大了反应距离;超速也更容易导致车辆翻转;而且在发生碰撞时,冲击力也会增大,导致事故的严重性增加。渣土车的制动距离与速度的平方成正比。

(3) 扬尘:造成渣土车扬尘污染的主要原因是超载和车厢不密封。现有的渣土车虽然有车厢盖板,但都只在两侧,当车辆超载时,厢盖无法闭合。由于惯性和颠簸,那些本来就随时要落下来的渣土肆意洒落。

(4) 内轮差:在统计的 28 起交通事故中,右转 8 起,死亡 9 人,占 28 起总死亡人数的 56.3%。加上因右侧盲区死亡人数高达 11 人,占死亡人数的 68.8%,可见右转弯和右侧视觉盲区最具杀伤力。为此,包昕玥同学进行了深入的了解和研究,发现了"内轮差"是罪魁祸首。

由于大货车在转弯时,前后轮并不在同一个轨迹上,产生了所谓的"内轮差",如图 2-2-7 所示。人只要进入这个危险区域,即使离前轮还有距离,车子后半部分仍可

能把人卷入。恰恰是这个"内轮差"让很多人都忽略了。很多时候,在马路上时常会见到电动车驾驶人或行人遇到转弯大货车时,紧贴转弯车辆停车,以为车头能通过就安全了。其实,转弯的车子,前面部分过去了,后面部分仍有可能带倒行人。加上,驾驶员坐在左边的驾驶座上,仅凭后视镜观察右后方,可视范围有限。而电动车、自行车和行人体积小,司机可能根本没有看见他们,他们一旦步入内轮的视觉盲区范围,就面临危险。

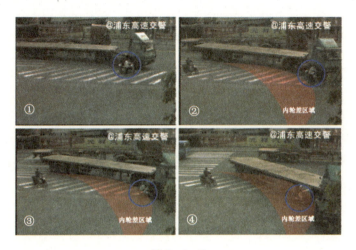

图 2-2-7

4. 解决方案

为实现渣土车安全环保的终极目标,设计了如下解决方案,如图 2-2-8 所示。

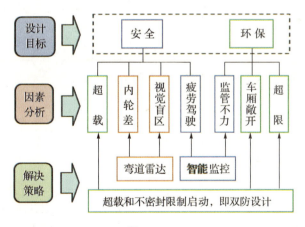

图 2-2-8

(1)超载和扬尘问题:针对超载和扬尘问题,设计了超重传感器和车厢盖开关共同控制发动机的双防系统。超载传感器设计在渣土车底盘的大梁上,渣土车超载时,电磁继电器使得 S_1 断开,发动机就不能启动。货厢为全密封设计,只有当其全部盖住车厢,

盖开关 S_2 闭合,发动机才能启动。从而有效解决违规超载和扬尘污染这两大问题。

(2) 内轮差问题:设计了弯道雷达,弯道雷达的触发开关由转向灯开关控制,当转向灯开启时雷达工作。根据相关数据计算内轮差 d。由内轮差设置报警器的警报级别:一级为 d,二级为 $1.5d$,三级为 $2d$。

(3) 超速乱象问题:针对疲劳驾驶、超速以及乱停乱倒现象,设计了全智能监控系统。对渣土车的运营时间、路线、车速等进行实时监控。

另外,本渣土车专门设计了六自由度三维机械臂。底座和四节手臂均可进行接近 360 度旋转,实现多方向操作,使渣土车功能增强,装卸更便捷。

5. 创新设计

根据上述解决方案,包昕玥同学设计了集"自动装卸、双防系统、弯道雷达和北斗导航智能监控系统"等技术于一体的安全环保型智能渣土车。

(1) 双防系统

渣土车主要危害是超载事故和空气污染。现有最常见的解决超载问题的设施为超限货车检测 80T 超载检测仪,然而这种检测仪只能在重要路段进行铺设,效率低,影响交通和运输,且成本过高。她的想法是运用现有成熟的压力感应装置,即一种将受到压力变化转换为电信号或电器元件特性变化的感应器,使得对汽车重量的检测可以实时进行,同时通过电路连接可以直接控制汽车的行驶状态。扬尘问题通过卡车箱盖的密闭来解决,箱盖采取翻盖式,内设智能开关,串联到载重卡车的点火系统,实现车厢未密闭情况下不能启动,改变长期以来的被动执法,真正做到主动防尘,维护城市环境。此渣土车发动机的制动采取超载开关 S_1 和盖开关 S_2 双控制。S_1、S_2 与发动机串联,S_1 由压力传感器控制,S_2 由车厢密封盖控制,从而实现防超载和防扬尘的功能,如图 2-2-9 所示。

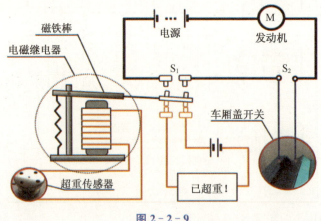

图 2-2-9

(2) 弯道雷达

渣土车的弯道"内轮差"和视觉盲区也是致命元凶。因此,本渣土车通过安装弯道雷达和报警器来探测内轮差区域和盲区内的行人,并对司机和行人同时发出警报,避免交通事故的发生,如图2-2-10所示。将雷达探测器安装在车身的前右侧,当有车辆或行人接近时就及时让安装在机动车上的提醒装置闪烁灯光和语音提示,以提醒机动车驾驶员和行人注意;而当车辆接近路口时,车内的无线发射器自动通知路边的警示屏闪烁并发出语音提醒,以提醒非机动车辆及行人。

图2-2-10

(3) 智能监控

采用北斗导航卫星定位系统,它与美国那套GPS不一样,它采用地球同步轨道卫星双工通信,如图2-2-11所示。利用它对作业车辆规划线路,设置分区限速和禁止驶入区域,监控车辆运行时间和停车时间等,进行疲劳驾驶识别并进行语音提醒,有效解决渣土的随意倾倒、超速行驶、影响市民和监管失控等实际问题。

图2-2-11　　　　　　　　图2-2-12

(4) 自动装卸

该渣土车的车厢采用液压式翻斗车厢,实现自动装卸,如图2-2-12所示。

机械手选用六自由度三维旋转机械手套件,它是目前最广泛应用的一种自动化机械装置,在工业、军事及太空探索等领域常能见到它的身影。该套三维机械手臂可以任意旋转抓取前方的物体,机械手伸长距离很长,底部通过一个平台固定,平台上面有很多M3安装孔位,可以很方便地安装在固定地方,节省了很多繁杂的结构件,使整个机械手结构很精简,成本也节省了不少。通过上位机编程软件可以很方便地将调试好的动作下载到控制器里面,可以自行运行或者通过PS无线手柄来完成一系列的抓取动作,如图2-2-13所示。

图2-2-13

其底座和四节手臂均可进行接近360度旋转,可以实现多方向操作,满足不同高度和角度需求,并能直接固定在渣土车驾驶室和车厢之间。液压式翻斗后挡板可绕上轴转动,与液压式翻斗装置同步转动,使渣土在重力作用下沿倾斜的厢底自动卸车。自带机械臂不仅可以增强渣土车的功能,免去挖掘机的使用,也使得渣土车的装卸更加便捷,节省人力物力,从而提高效率和效益。

6. 可行性论证

双防设计能杜绝超载和扬尘现象,在提供安全保障的同时减少了大气污染源。弯道雷达降低了渣土车运输的风险和成本;智能控制系统进一步防止驾驶员的各种陋习,做到严格监管和控制;自带机械臂则可提高渣土车的效能,解决新型渣土车因不能超载降低效益的后顾之忧。扬州又是全国第一批"智慧城市"建设试点示范城市。推广使用本渣土车,可有效解决安全问题和环境污染问题,能助推"智慧城市"建设,城市会更加宜居,引来更多投资者参加智慧城市的建设。

第三节　增锅减灶

小故事

色光合成仪

初二学生曹禹参加了树人少科院开展的课题研究培训和小发明等活动后,对物理老师讲的光的色彩及其合成很感兴趣。老师用如图2-3-1A所示的"彩色合成演示器"进行演示,由三个圆筒发出的红、绿、蓝三种色光,通过调节,进行合成。他看到老师花了很长时间才勉强演示成功,效果也不太理想。培训结束后,他设想能否只用一个圆筒就能方便地将红、绿、蓝三种色光进行混合。这种想法得到少科院老师的大力支持与鼓励,于是他对该演示器进行了改进性研究。

改进一：变三个圆筒为一个圆筒

他将三个圆筒简化为一个圆筒，将红、绿、蓝三个 LED 灯按等边三角形布置装入圆柱形食品筒内，用一个开关控制，其实物如图 2-3-1B 所示。LED 灯发出的红、绿、蓝三种色光依靠筒壁的反射，混合成的色光照射在白墙上，就很容易地形成如图 2-3-1C 所示的红、绿、蓝、品红、青、黄、白这七种色彩。

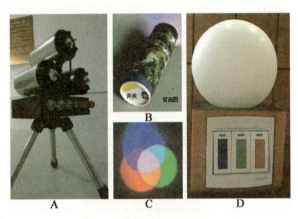

图 2-3-1

上述改进虽然比实验室提供的"彩色合成演示器"结构简单、效果好，但是它不能演示两种色光的合成，所以他进行了二次改进。

改进二：变一个开关为三个开关

将三组红、绿、蓝 LED 小彩灯直接装入一个球形的乳白色灯罩内，用一个分别标有红、绿、蓝三色标签的三联开关分别控制三组小彩灯，如图 2-3-1D 所示。

闭合标有红色标签的开关，红灯亮，透明灯罩显红色光；闭合标有绿色标签的开关，绿灯亮，透明灯罩显绿色光；闭合标有蓝色标签的开关，蓝灯亮，透明灯罩显蓝色光（如图 2-3-2 所示）。闭合红、蓝两开关，红、蓝两灯亮，红、蓝两种色光混合，灯罩显品红色光；闭合绿、蓝两开关，绿、蓝两灯亮，绿、蓝两种色光混合，灯罩显青色光；闭合红、绿二开关，红、绿灯亮，红、绿二种色光混合，灯罩显黄色光；红、绿、蓝三开关都闭合，红、绿、蓝灯都亮，红、绿、蓝两种色光混合，灯罩显白色光（如图 2-3-2 所示）。

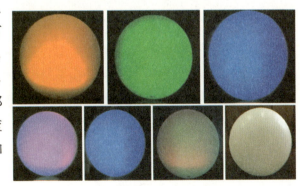

图 2-3-2

改进二与改进一相比，虽然能演示两种色光的合成，但是在演示两种或三种色光的合成时，不如实验室的合成仪，既有合成的部分，又有各自独立的部分。于是他进行了第三次改进。

改进三：变球形灯罩为圆筒灯口

将红、绿、蓝三个 LED 小彩灯直接装入一个圆筒内，三个 LED 小彩灯在圆筒内按等边三角形排列。筒壁装有三个能分别控制红、绿、蓝三个 LED 小彩灯的按钮型开

关,还配套一个能装下 4 节 7 号干电池的电池盒。其改进后的实物照片如图 2-3-3A 所示,它由灯口、圆筒、LED 灯珠、按钮开关、电池盒等材料组合而成。

三个 LED 灯分别发出的三原色光通过圆筒的筒壁反射,在光屏上分别形成红、绿、蓝三个圆形的彩色光区。红、蓝两光区的重合处显品红色(图 2-3-3B),红、绿两光区的重合处显黄色(图 2-3-3C),绿、蓝两光区的重合处显青色(图 2-3-3D),红、绿、蓝三光区的重合处显白色(图 2-3-3E)。

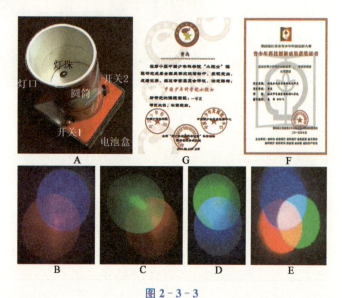

图 2-3-3

改进三既保留了原色彩合成仪在演示两种或三种色光合成时既有合成的部分又有各自独立的部分的优点,还具有体积小、便携带、操作易、成本低,设计更科学、合理等优点。曹禹同学将其命名为便携式色彩合成演示器,荣获江苏省青少年科技创新大赛物理类二等奖(图 2-3-3F),中国少年科学院小院士课题研究成果展示与答辩评比一等奖(图 2-3-3G),他还获得中国少年科学院小院士荣誉称号。

点金石

增锅减灶

曹禹同学的"创新型色光合成演示仪",是对原"彩色合成演示仪"进行三次改进而发明的学具。先变三个圆筒为一个圆筒(三变一为减数量),再变一个开关为三个开关(一变三为增数量),最后变球形灯罩为圆筒灯口(球变筒为改形状)。其共同点是

"变",量变的核心是增与减。发明的指向为矛盾的一对,故用兵法中的"增锅减灶"为其技法命名。可为增多或减少、增长或减短、增高或减矮、增厚或减薄、增大或减小、增强或减弱、增粗或减细等。

1. 增多或减少

手机的功能增多了,使用起来就更方便。微型隐形镜片装在眼睛内,部件减少了,使用起来却方便多了。上述对"彩色合成演示仪"的改进,就是从圆筒或开关数量的减(三变一)或增(一变三)进行创新的。

2. 增长或减短

将扳手的柄增长一些,旋动螺丝时省力一些。把钓鱼竿做成伸缩式,在总长度不变的情况下,收缩后的钓鱼竿显得缩短,便于携带。

3. 增高或减矮

升国旗的旗杆采用多级,可以加高,使国旗升得高一些。升降梯可以方便升降,是增高或减矮的最佳结合。

4. 增厚或减薄

增厚旅游鞋的鞋底,可增强其弹性,穿得更舒服。苹果手机减薄后,手感更好,更受消费者的青睐。

5. 增大或减小

将雨伞加大一些,成为露天小卖部或修理部的遮阳伞。把晶体管改成集成块,体积减小了,但功能增加了。

6. 增粗或减细

排水管的管径增粗了,更有利于排水的顺畅。激光束直径变细了,抗干扰性能增强了,就会发射得更远了,能射到月球上。利用它可以测量地球与月球之间的距离。

思维营

逆向思维

当大家都朝着一个固定的思维方向思考问题时,有人却独自朝相反的方向思索,这样的思维方式就叫逆向思维。其实人们是习惯于沿着事物发展的正方向去思考问题并寻求解决办法的,当山重水复疑无路时,反其道而思之,让思维向对立面的方向发展,从问题的相反面深入地进行探索,就能柳暗花明、豁然开朗,灵感会油然而生,闪出新思想,发现新东西。

　　上述的增锅减灶技法的思维方式源于逆向思维,它是对司空见惯的似乎已成定论的事物或观点反过来思考的一种思维方式。在创造发明的路上,更需要逆向思维,它可以创造出许多意想不到的人间奇迹。

　　如洗衣机的脱水缸,它的转轴是软的,用手轻轻一推,脱水缸就东倒西歪。可是脱水缸在高速旋转时,却非常平稳,脱水效果很好。当初设计时,为了解决脱水缸的颤抖和由此产生的噪声问题,工程技术人员想了许多办法,先加粗转轴,无效,后加硬转轴,仍然无效。最后,他们来了个逆向思维,弃硬就软,用软轴代替了硬轴,成功地解决了颤抖和噪声两大问题。

演练场

小试牛刀

　　相信你见过微型吊扇,如图 2-3-4 所示。其中有一个核心元件,就是电动机。将它接上电源后,它会旋转起来,就会有阵阵凉风向你吹来。你能根据上述逆向思维的原理,将它发明成一个小发电机吗?(就是没有电源也能让它发电,使小灯泡亮起来。)请你将设计方案撰写在方框中,并按下列要求自我评价:写出需要的器材和设计思路为合格,画出设计图给优秀,连接成实物给铜牌,一个小灯泡亮起来给银牌,两个串联小灯泡亮起来给金牌。(请及时将等次记录在本书末页的表中)

图 2-3-4

展示台

时辰养生时区钟

上述的"增锅减灶"发明技法,是将增加或减少主体的结构或功能作为解决问题的突破口而进行的发明创造。下面再介绍韦子洵同学发明的"多功能时辰养生时区钟",这是在钟的主体上,增加了时辰、养生、时区和对联等相关功能,将传统的时辰养生理念与现代的电子技术密切结合,与时俱进,科技含量高,人文气息浓;又将对联融入,增加了人文气息,可以成为一个高雅的家庭教学模型。其创意设计如图2-3-5所示。

图 2-3-5

图中的①是养生窗,②是信息盘,③是电子表,④是对联框,⑤是底盘,将养生窗、信息盘、电子表、对联框整合在一起。采用壁挂方法,将其挂在墙壁上,是一件富有时代气息的工艺品。它还荣获江苏省青少年科技创新大赛一等奖,江苏省青少年发明家评选二等奖,国际发明展览会金奖,扬州市青少年科技创新市长奖提名奖,并获得专利号为 ZL 2012 3 0658135.9 的国家专利,如图2-3-6所示。

图 2-3-6

1. 养生窗

按一天十二个时辰(子、丑、寅、卯、辰、巳、午、未、申、酉、戌、亥),分白天和夜里两个板块设计,每个板块开有6个窗口,共12个窗口,其养生内容与该时辰相对应。每个窗口包括养生部位及其时间、时辰生肖图、养生知识等内容,如图2-3-7所示。知识窗采用灯箱式,内装LED灯,控制电路控制LED灯按时辰轮流工作,其实物接线图如图2-3-8所示。其时辰生肖如图2-3-9所示。

图 2-3-7

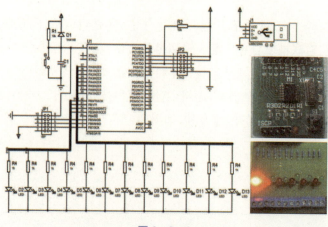

图 2-3-8

图 2-3-9

子时养胆(23:00~1:00)：子时胆经最旺,阴气最重,这段时间正是中医养生中特别强调的"子觉"时间,务必有足够优质的睡眠,以保护初生的阳气。若在此时学习、工作,无异于拿生命健康来做交换。生肖图如图 2-3-9A 所示。

丑时养肝(1:00~3:00)：丑时肝经最旺,要肝脏发挥解毒、造血功能,人体就需要在这个时候休息,让"血归于肝",静心养气是最好的保肝方法。如在这个时间喝酒,将会对肝造成极大的损伤。要想养好肝血,这段时间一定要睡好。生肖图如图 2-3-9B 所示。

寅时养肺(3:00~5:00)：寅时肺经最旺,有助于肺气调节和输送血液运行全身。这个时候是阳气的开端,是人体气血由静到动的转化过程,气血不足或是体虚的人这个时候就容易早早醒来,而肺部有病者这个时候也比较容易发病,因此不要过早起床,生肖图如图 2-3-9C 所示。

卯时养大肠(5:00~7:00)：卯时大肠经最旺,最利于排泄,这个时候起床伸展腰肢,活动四肢筋骨,打太极拳,叩齿摩面或双手扣后脑,做"鸣天鼓"。呼吸新鲜空气,喝杯温水,将体内的毒素和垃圾排泄出去,为一天的工作做好准备。生肖图如图 2-3-9D 所示。

辰时养胃(7:00~9:00)：辰时胃经最旺,这个时候时间再紧也要吃早餐,为上午的工作补充能量。活动后喝一杯开水,用木梳梳发百遍,然后洗漱。早餐应该清淡,要吃饱。饭后可以百步走,但不宜做过度锻炼。生肖图如图 2-3-9E 所示。

巳时养脾(9:00~11:00)：巳时脾经最旺,是工作的第一个黄金时期。脾是气血生化之源,也是消化、吸收、排泄的总调度,又是人体血液的统领。注意在开窗通风后,从事脑力活动,但要注意劳逸结合,让眼睛得到及时的休息。生肖图如图 2-3-9F 所示。

午时养心(11:00~13:00)：午时心经最旺,这个时候阴气开始升起,是天地气机的转换点,人体也要注重这种天地之气的转换,这是午餐时间,除要营养丰富、荤素搭配外,建议可以喝点汤,菜要少盐。酒可喝但不能醉。饭后宜睡半小时,不要过多。生肖图如图 2-3-9G 所示。

未时养小肠(13:00~15:00)：未时小肠经最旺,小肠经是人体的"大内总管",它把水液归膀胱,糟粕送大肠,精华输送于脾,这时候人体血液中营养成分最多,午睡后可做少量和缓的运动,喝杯水有利于保护血管。生肖图如图2-3-9H所示。

申时养膀胱(15:00～17:00):申时膀胱经最旺,膀胱经是人体最大的排毒通道,是身体抵御外界风寒的重要屏障。这时是人体排毒、泻火的好时机,也是最好的学习时间,记忆力和判断力都很活跃。除用脑学习外,要注意多喝水。生肖图如图2-3-9I所示。

酉时养肾(17:00～19:00):酉时肾经最旺,这个时候服用补肾的中药效果最好,肾是先天之根,人体经过申时的泻火排毒,在酉时进入贮藏精华的阶段,这个时候要再喝一杯水,保护肾和膀胱。晚饭宜吃少、清淡,可以喝点粥。生肖图如图2-3-9J所示。

戌时养心包(19:00～21:00):戌时心包经最旺,心包是心脏外膜组织,主要是保护心肌正常工作的,这段时间人应放松娱乐,保持心情愉悦,散散步,准备睡眠,睡前要静心养气,用冷水洗脸、温水刷牙、热水洗脚,睡宜采取右侧卧位。生肖图如图2-3-9K所示。

亥时养三焦(21:00～23:00):亥时,三焦经最旺,有主持诸气、疏通水道的作用。亥字在古文中是生命重新孕育的意思,所以要想让身体有一个好的起点,就要从此刻开始拥有好的睡眠。这个时候阴阳和合,是孕育新生命的好时机,生肖图如图2-3-9L所示。

2. 信息盘

该盘融入了中国传统的时辰、生肖、经脉等经典元素和"时区"这一国际性的交往元素。它分为时辰盘和时区盘两部分。

时辰盘:它包含世界地图、时辰、生肖、经脉、24小时刻度等内容,如图2-3-10所示。时辰盘能绕轴心旋转,1天24小时旋转1周,显示同一时刻的不同城市的实际时间,便于国际化交流。图中的时间箭头指向代表性城市。

(1)世界地图:它能简单反映世界各国的行政区域及其主要城市。

(2)生肖经脉:它显示子、丑、寅、卯、辰、巳、午、未、申、酉、戌、亥这十二个时辰及其时间范围,与之相对应的胆、肝、肺、大肠、胃、脾、心、小肠、膀胱、肾、心包、三焦这人体最旺的十二条经脉,鼠、牛、虎、兔、龙、蛇、马、羊、猴、鸡、狗、猪这十二个生肖图。

图2-3-10

(3)小时刻度:时间设计成24小时刻度,并设有箭头,与世界上划分的24个时区相对应。将上述功能整合在一起构成了转动盘,它与时针同步转动。

时区盘:它包含与24个时区相对应的24个代表性城市及其代表它们国家的国旗

和分与秒的刻度,如图 2-3-11 所示。

(1) 城市:根据时区的划分方法,将地球表面划分为东一区至东十二区、西一区至西十二区这 24 个时区,与这些时区相对应的代表性城市有柏林(东一区)、开罗(东二区)、莫斯科(东三区)、阿布扎比(东四区)、伊斯兰堡(东五区)、科伦坡(东六区)、雅加达(东七区)、北京(东八区)、东京(东九区)、悉尼(东十区)、马加丹(东十一区)、惠灵顿(东十二区)和伦敦(西一区)、亚速尔(西二区)、乔治敦(西三区)、拉巴斯(西四区)、波哥大(西五区)、纽约(西六区)、芝加哥(西七区)、蒂华纳(西八区)、马那瓜(西九区)、温哥华(西十区)、檀香山(西十一区)、阿皮亚(西十二区)这 24 个代表性城市。这些城市将与图 2-3-11 中的时间刻度盘中的箭头对应,可以直接由箭头所指的时间刻度知道该城市此时的时间(小时)。

图 2-3-11

(2) 国旗:与上述城市相对应的国家分别是德国、埃及、俄罗斯、阿联酋、巴基斯坦、斯里兰卡、印度尼西亚、中国、日本、澳大利亚、俄罗斯、新西兰和英国、葡萄牙、圭亚那、玻利维亚、哥伦比亚、美国、美国、墨西哥、尼加拉瓜、加拿大、美国、西萨摩亚。图 2-3-11 中用这些国家的国旗代表。如图 2-3-12 中的城市柏林和伦敦,对应的国家分别是德国和英国,它们的国旗由图可知。

(3) 时间:时区盘上设计了分与秒的刻度,其分度值分别为 1 分或 1 秒。其读数方法与普通的钟表一样。

图 2-3-12

电子表:将公历、农历、月、日、星期、温度、湿度、时、分、秒等信息用电子屏显示,如图 2-3-13 所示。由图中提供的信息可知:现在是公历 3 月 20 日北京时间 20 点 28 分 20 秒,星期二,室内温度 20℃,空气湿度为 65%。该盘的内部还设计了报时装置,在正点时会自动报时。其中的时、分、秒虽然与相应盘中的时间重复,但正是这种重复的设计,将传统(指针式)与现代(数字式)交相辉映。

图 2-3-13

对联框:对联是中文语言独特的艺术形式,是中华民族的文化瑰宝。将传统养生中的经典对联融入壁挂钟,能增加人文气息。本作品应用扬州出生的大师的名联"不贪不淫可以养德,能清能淡可以养寿。少食少怒可以养神,无求无争可以养气",作为修身养性、科学养生的座右铭,如图 2-3-14 所示。也可以选择扬州郑板桥的对联"青菜萝卜糙米饭,瓦壶天水菊

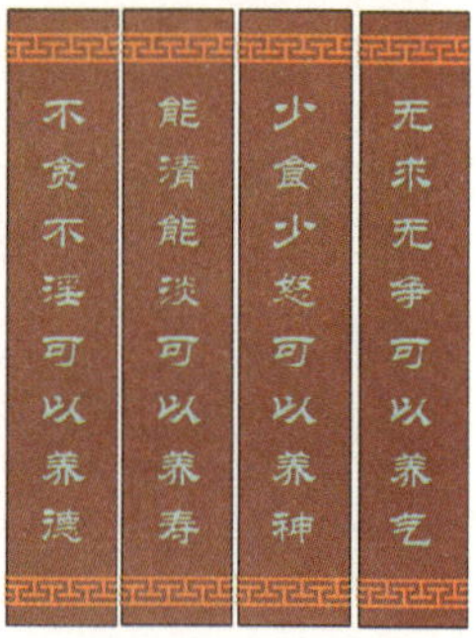

图 2-3-14

花茶",从中感悟:吃清淡饭菜、饮天然水是人人都能做到的健身益寿的妙处。

3. 加工要领

制作知识窗:采用灯箱技术,按设计图请广告公司用LED灯制作成灯箱,通过图2-3-15所示的控制电路,使某一时辰的LED灯亮,而且每2小时轮流亮灯一次。如在11:00~13:00这段时间是午时,心经最旺,该知识窗亮灯,提示要按窗中要求养心。

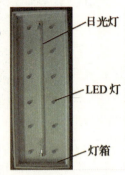

图 2-3-15

制作信息盘:信息盘制作的关键是转动盘一天转动一周,而且是时针与盘同步转动。采用24小制的钟表机芯,再将转动盘附加在时针的下面。力求精密,要请修理钟表的师傅加工。

购置数字表:韦子洵采用网上直接邮购数码电子钟的方法,价格比较便宜,再做适当的改进。

制作对联框:按自己设计好的对联,请广告公司打印。

灯箱的制作:制作两个灯箱,每个灯箱内有1个日光灯和12个LED灯,分为6组,每组2个,分别为红色和绿色,与某一时辰相对应。

组装与使用:先将上述构件安装在底板上,面板采用玻璃板,侧面配上控制开关、USB插口和电源连接线。然后将其壁挂于客厅中的主墙上,启动转动按钮,转动盘缓慢转动,时间刻度盘与数字显示屏将同步变化,每个知识窗中的LED灯2小时轮流亮灯。图2-3-16是实物的正面图,图2-3-17是其内部主要结构图,左右为二个灯箱,中间部分分别为时区钟和数字表。

图 2-3-16

图 2-3-17

4. 创新部分

设计理念新：本养生钟将传统的时辰养生理念与现代的电子技术密切结合，与时俱进，科技含量高，人文气息浓。又将对联融入，增加了人文气息，可以成为一个高雅的家庭教学模型。

信息功能多：本养生钟除了具有显示时、分、秒等传统钟表功能外，还具有显示公历、农历、月、日、星期、温度、湿度等诸多信息的功能，并具有宣传时尚的养生知识、张扬中国的经典文化(时辰、生肖、经脉、对联)、适应国际交往的信息(时区、城市、首都、国家、国旗)等功能。

工艺现代化：本养生钟汇合了许多现代化元素，它将数字显示、数码技术、灯箱工艺、LED 灯等时尚元素汇成一体；能将知识窗中的相关信息通过控制电路由 LED 灯按时辰及时显示，并形成循环；并将指针转动拓展成圆盘整体转动。

富有艺术感：本养生钟美观高雅，艺术性强。它是豪华别墅乃至一般家庭客厅的艺术珍品，也是现有宾馆、酒店、海关、机场、涉外单位厅堂组钟的最佳替代品。

第四节　锦上添花

便携式多功能实验仪

学生韦子洵从小喜爱玩具，家中的电动玩具特别多，有些玩具已经成了报废品。进了初中后，参加了少科院的课题研究活动，他想把这些废旧电动玩具中的马达拆下来，设计并制作一个新的电动玩具来。这个想法得到少科院老师的支持和鼓励，老师还给了他一些关于电动机和发电机方面的资料。

他看了这些资料后，明白了电动机和发电机是互通的，将马达与电池连接起来，就成了电动机，会转动；如果在转轴上加一个摇柄，将原来接电池的地方改接红、绿、蓝三个LED灯，摇动摇柄，小灯泡会亮起来，就成了一台手摇发电机。再加上太阳能电池板和手机充电器，就设计并制作了便携式多功能实验仪。

它集初中物理中的能量转化实验于一体。用新型的超级电容器作为电源，将手摇动摇柄而产生的机械能、太阳能电池板提供的太阳能和照明用的电能等绿色低碳能源存储起来，既可为实验供电，还可为旅途手机充电。用2个USB插口分别作为电源的输入或输出，将玩具电机、LED灯、电子音乐芯片等作为用电器，用6个拨动开关将这些用电器连接成串、并联电路，可以做初中物理教科书中关于能量转化的系列实验。更由于其体积小，便于随身携带，操作也十分方便，很适合学生家庭实验室使用。该作品获江苏省青少年科技创新大赛一等奖。其实物照片和获奖证书如图2-4-1所示。

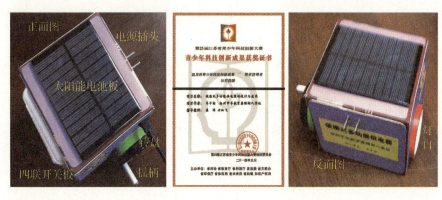

图2-4-1

本供电器主要包括带变速器的马达、手机用充电器、太阳能电池板、四联开关、灯口、摇柄、转盘、USB插口、超级电容器和红、绿、蓝、白LED这四个小彩灯等，如图2-4-2所示。

图2-4-2

1. 马达、转盘、摇柄与USB插口

马达是从废旧的电动玩具上拆下来的减速电机，如图2-4-2A所示。减速电机

的最大好处是虽然慢慢地让转盘转动,却能使内部的电机快速旋转。转盘用滑轮改装,在滑轮上旋一个螺栓,外面套一个小塑料管,就成了摇柄,如图2-4-2B所示。转盘与马达上的转轴相连,组成手摇发电机,可随时发电和充电,USB插口可连接输入或输出。

2. 手机充电器和太阳能电池板

图2-4-2C为超级电容器,它用2个电压为2.7 V的超级电容器串联而成,又叫双电层电容器,是一种新型的储能装置。图2-4-2D为苹果手机充电器,电池的额定电压为3.7 V。图2-4-2E为太阳能电池板,输出电压也为3.7 V。

3. 开关和灯口

开关选择家用的四联开关。分别标有"发电机转换、电动机转换、太阳能电池、手机充电器"等字样,如图2-4-3A所示。手摇发电机或高级电容器为灯口供电,灯口内有一块圆形的电路板,中间有一盏白色的LED灯,手摇动摇柄,使转盘顺时针转动时,白色的LED灯亮。转盘逆时针转动时,四周排成等边三角形的如图2-4-3B所示的三盏红、绿、蓝LED灯亮,并形成红、绿、蓝、黄、青、品红、白这七彩色光。

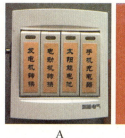

A　　　　　　　　B

图2-4-3

点金石

锦上添花

韦子洵的发明是将上一课讲到的"色彩合成仪"和"微型吊扇"结合起来,采用加一加的发明技法,实现了锦上添花的效果。其实"色彩合成仪"和"微型吊扇"都是"锦",便携式中的"式"和多功能中的"多"则都成了"花"。所以在江苏省青少年科技创新大赛中,韦子洵的发明获得了一等奖,而曹禹的发明只能是二等奖。其锦上添花的作用是不可小觑的。

1. "多"

这里的"多"除了多功能外,其涉及的原理也多。它围绕电路设计、原理设计而展开,融声、光、电、力的实验于一体。

(1) 电路设计

图2-4-4是本实验仪的设计电路图,由图可知,这里既有串并联连接,又有充放

电电路,还可输入或输出。

①串联和并联电路

红 LED 灯与分压电阻 R 等组成串联电路,减速电机与 LED 灯、超级电容器、USB 插口 2 等组成并联电路,充电指示灯与太阳能电池板、USB 插口 1 组成混联电路。

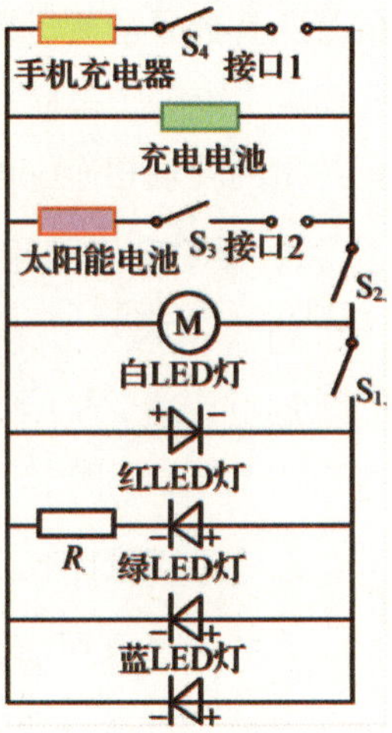

②充电和放电电路

超级电容器与手摇发电机、太阳能电池板、手机充电器等组成充电电路,超级电容器与电动机、LED 灯、电子音乐芯片等组成放电电路。

③输入和输出电路

有 2 个 USB 插口,既可输入,也能输出。将 220V 的家庭电源通过手机充电器从 USB 插口 1 输入,将电子音乐芯片的设计信号向外输出至音箱。

图 2-4-4

(2) 原理设计

本实验仪主要依据能的转化原理、超级电容器原理、发电机和电动机原理、二极管的单向导电性原理、光的三原色及其合成原理、减速器的力放大原理等物理原理设计而成,其知识背景涉及初中物理中声、光、电和力等领域。

①能量的转化原理

初中物理涉及的能量有声能、内能、光能、动能、重力势能、弹性势能、机械能、电能、太阳能等,它们之间都可以相互转化。

②超级电容器原理

超级电容器是建立在德国物理学家亥姆霍兹提出的界面双电层理论基础上的一种全新的电容器。它所形成的双电层和传统电容器中的电介质在电场作用下产生的极化电荷相似,从而产生电容效应,紧密的双电层近似于平板电容器。但是,由于紧密的电荷层间距比普通电容器电荷层间的距离要小得多,因而具有比普通电容器更大的容量。(该知识点可点击百度而获得。)

本设计将超级电容器作为电源,因为它是一种新型的储能装置,还具有充电时间短、使用寿命长、温度特性好、节约能源和绿色环保等特点。更由于它的充放电过程始终是物理过程,没有化学反应,因此性能稳定,与利用化学反应的蓄电池是不同的,所以它将大有取代蓄电池的趋势。

③发电机和电动机原理

当只有 S_1(电动机开关)闭合时,Ⓜ为电动机,此时由超级电容器供电,使电机转动,充电器存储的电能转化为供电机转动的机械能。当只有 S_2(发电机开关)闭合时,Ⓜ为发电机,手摇动摇柄产生的机械能转化为使 LED 灯发光的电能。这也说明电动机和发电机的构造是相同的,它们之间是可逆的。

④二极管的单向导电性

LED灯的本质是个发光二极管,利用其单向导电性,可设计成光、电两用。在逆时针摇动摇柄时(反转),白色LED正向导通而发光,在顺时针摇动摇柄时(正转),红、绿、蓝三个LED灯也能导通而发光。由于红色LED灯的额定电压比绿、蓝LED灯的要低,所以在该支路中串联一个分压电阻R。

⑤光的三原色及其合成

红、绿、蓝三个LED灯发出的光通过圆筒形筒壁的反射而分别形成红、绿、蓝三个圆形的彩色光区。绿、蓝二光区的重合处显青色,红、蓝二光区的重合处显品红色,红、绿二光区的重合处显黄色,红、绿、蓝三光区的重合处显白色。

⑥减速器的力放大原理

废旧玩具中的电机是做电动机用的,由于电动机的转速通常很高,而功率P是一定的,由公式$P=Fv$可知,输出的牵引力F势必很小。而电动玩具如坦克车等要求输出的牵引力F要很大,必须通过减小转速v来实现,所以设计减速器就是为了增大牵引力。反之,当用有减速器的电机做发电机时,手摇动摇柄使转盘转动的速度虽然很小,但内部电机的转速却是很大,发电机的发电效果相当好,即放大了发电机的发电能力,其性能比实验室里的手摇发电机要优越得多。

(3) 实验设计

①电能与声能的转化

将音箱插头插入USB插口2,操作音箱上的控制按钮可播放电子音乐芯片上设计好的系列声音,除了能说明电能转化成声能外,还可进行下列判断性实验。

A. 乐音与噪声的判断(芯片中创设了不同的声音环境)

B. 音调、音色、响度的判断(芯片中创设了不同乐器演奏的声音)

C. 响度的变化(可调节控制按钮中的音量电位器)

D. 音调的变化(按快捷键)。

E. 播放其他音乐。

②电能与光能的转化

闭合开关,LED灯发光,除了能说明电能转化成光能外,还可进光的色彩及其合成的系列实验,如图2-4-5所示。

先闭合彩灯开关S_3,再闭合四联开关中有标有红、绿、蓝三色标签的开关。

A. 只闭合红标签开关S_4,则红灯亮,经圆筒壁反射,从灯口射出的红光照在白墙上,就形成一个红色的圆形光区,如图2-4-5A所示。

B. 只闭合绿标签开关S_5,则绿灯亮,灯口射出的绿光照在白墙上,就形成一个绿色的圆形光区,如图2-4-5B所示。

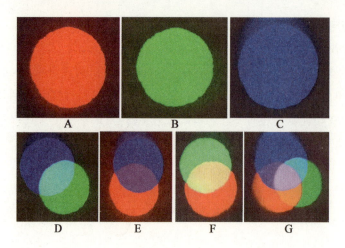

图 2-4-5

C. 只闭合蓝标签开关 S_6，则蓝灯亮，灯口射出的蓝光照在白墙上，就形成一个蓝色的圆形光区，如图 2-4-5C 所示。

再将红、绿、蓝标签中的二个开关闭合，就是探究二种色光合成的实验。

D. 闭合开关 S_6 与 S_5，蓝灯和绿灯都亮，灯口射出的蓝光和绿光照在白墙上，就形成蓝色和绿色二个圆形的光区，它们的重合部分显青色，说明等量的蓝色光和绿色光合成为青色光，如图 2-4-5D 所示。

E. 闭合开关 S_6 与 S_4，蓝灯和红灯都亮，灯口射出的蓝光和红光照在白墙上，就形成蓝色和红色二个圆形的光区，它们的重合部分显品红色，说明等量的蓝色光和红色光合成为品红色光，如图 2-4-5E 所示。

F. 闭合开关 S_4 与 S_5，红灯和绿灯都亮，灯口射出的红光和绿光照在白墙上，就形成红色和绿色二个圆形的光区，它们的重合部分显黄色，说明等量的红色光和绿色光合成为黄色光，如图 2-4-5F 所示。

G. 最后将 S_4、S_5 与 S_6 这三个开关都闭合，就能做探究红、绿、蓝三种色光合成的实验。此时红灯、绿灯和蓝灯都亮，其中二个圆形光区的重合部分分别显黄色、品红色、青色，三个圆形光区的重合部分显白色，说明等量的红、绿、蓝三种色光合成为白色光，如图 2-4-5G 所示。

③电能与机械能的相互转化

闭合本实验仪中的 4 个开关和利用 2 个 USB 接口，可做下列电学实验：

闭合开关 S_1，减速电机成为电动机，电机带动摇柄转动，将超级电容器存储的电能转化为摇柄转动的机械能。

闭合开关 S_2，减速电机成为发电机，手摇动摇柄使其逆时针转动，白 LED 灯亮，手的机械能通过减速电机转化为使白 LED 灯发光的电能。摇柄转得越快，手摇动摇柄的机械功率就越大，LED 灯也就越亮，LED 灯的实际功率也就越大。

④光能与电能的转化

将本实验仪置于阳光或灯光下,充电指示灯会自动发光,说明阳光或灯光正通过太阳能电池板给超级电容器充电,将太阳能或灯光的光能转化为超级电容器的电能,存储起来,成为电源。也可以将手机充电器的USB插头插入本实验仪中的USB插口1,并与家庭电源相连,此时充电指示灯也亮,说明家庭电源正通过手机充电器给超级电容器充电,将家庭电源中的电能转移给超级电容器,存储起来为后续的实验供电。在彩灯、电动机等用电器工作时,超级电容器放电,为这些用电器提供电能。

2."式"

本节课点出的"花"还青睐于便携式中的"式"。这个"式"指的是发明作品呈现的方式。如"便携式"表示这个作品体积小,便于携带,使用非常方便。我们知道,手机的本质就是便携式电话,为什么其一出世就格外受到人们的青睐,就是它能无线通话,便于携带,功能又多,使用非常方便。

这只是发明作品呈现方式的一种,还有如折叠式、旋转式、收缩式、壁挂式、内藏式、袖珍式、推拉式、落地式、感应式、遥控式、吸盘式、翻盖式、固定式、拼插式、滚动式、节能式、升降式、数字式、机械式、定向式、远程式、放射式、反弹式等。如图2-4-6所示。

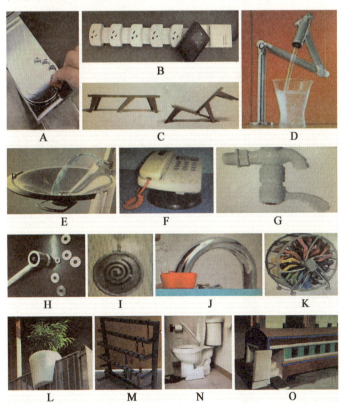

图2-4-6

其中的 A 为拨号式水龙头，B 为伸缩式插座，C 为折叠式凳，D 为折叠式水龙头，E 为升降式水池，F 为旋转式电话，G 为倒装式水龙头开关，H 为可调式锤子，I 为挂壁式蚊香，J 为反冲式水龙头，K 为滚动式鞋架，L 为悬吊式花盆，M 为折叠式雨伞架，N 为提盖式马桶，O 为伸缩式列车跳板。

思维营

收敛思维

锦上添花的思路来自于"加一加"的发明技法，即 物体 ＋ 式样 ＝ 新产品 。其思维形式属于收敛思维。以图2-4-7所示的电话机为例，可有多种方式可供选择。每选择其中的任一种方式，就会发明一种新的电话机。早期的就有落地式电话机、升降式电话机、旋转式电话机、壁挂式电话机，并发展为翻盖式电话机、袖珍式电话机、收缩式电话机，乃至成了当今的手机（便携式电话机）。

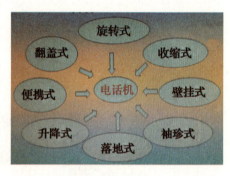

图 2-4-7

收敛思维也是创新思维的一种形式，它与发散思维不同。发散思维是为了解决某个问题，从这一问题出发，想的办法、途径越多越好，总是追求还有没有更多的办法。而收敛思维也是为了解决某一问题，在众多的现象、线索、信息中，向着问题一个方向思考，根据已有的经验、知识或发散思维中针对问题的最好办法去得出最好的结论和最好的解决办法。

演练场

小试牛刀

请你以如图2-4-8所示的电灯为收敛的主体，参考上述的电话机案例，利用"加一加"的发明技法，发明出新的电灯来。请将答案书写在方框中，并按下列要求自我评价：

　　写出 1 个式样为合格，2 个式样给优秀，3 个式样给铜牌，4 个式样给银牌，5 个式样给金牌，以示鼓励。（请及时将等次记录在本书末页的表中）

图 2-4-8

展示台

四弹道水火箭发射装置

　　薛逸飞同学在学校组织的"我的航天梦"系列活动中，参加了水火箭的设计、制作、发射活动，并以此为契机，参加了学校少年科学院的小课题研究活动，对影响水火箭水平射程的因素进行了研究，将发射架改进为四弹道水火箭发射装置，如图 2-4-9 所示。

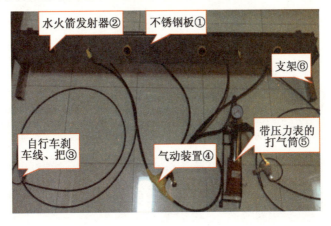

图 2-4-9

1. 主要构件

它由不锈钢板①、喷嘴等组成的水火箭发射器②，自行车刹车线、刹车把组成的控制器③，水管快速接头、五通管、气带等组成的气动装置④，带压力表的脚踏式打气筒⑤，支架⑥等组成。

将单弹道发射架创新为四弹道发射架，能一次同时发射4个水火箭，较好地控制了探究水火箭水平射程的影响因素，达到了锦上添花的效果，如图2-4-10所示。其中图甲是用单弹道发射架发射水火箭，图乙是正在将4个不同的水火箭与该装置中的4个发射器紧密连接，用打气筒同时给四个水火箭充气，由压力表来控制水火箭内气压的大小。再按动刹车把，4个水火箭可以同时发射，如图丙所示。可以直观地看到水火箭射程的不同，一目了然地知道影响水火箭射程的主要因素。

图 2-4-10

2. 制作过程

如图2-4-11所示。①在2块不锈钢材料上钻4个安装水火箭发射器的孔，再钻2个小孔来安装自行车刹车线。为避免钢板弯曲，在钢板的一个侧面加焊了1条细钢板，增加了发射架的刚度和强度，如图A中箭头所示。②在一小块不锈钢板上钻6个小孔，右上角的孔安装螺丝，起固定作用。其余几个孔用来调节水火箭发射角度，将钢板与柱形空心不锈钢焊接在一起，做成可调节角度的支架，如图B、C所示。③将4根打气筒的气带连接在五通上，为避免充气时漏气，在连接处用生料带和电工胶布紧密缠绕，将气带快速接头连接在水火箭发射器上，如图D、E所示。④将2根自行车刹车线和自行车刹把连接在不锈钢板上，并在不锈钢板上平均分配了2个安装刹车线的小孔。刹车线比较长，避免水火箭发射时被水浇湿身体，如图F所示。⑤把1个有压力表的自行车打气筒连在五通上，在发射时能清楚地观察气压，如图G所示。

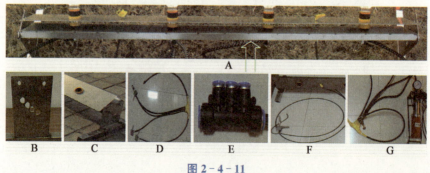

图 2-4-11

3. 创新分析

①本发射装置用废旧的自行车刹车把和刹车线作为控制器,使打气加压与发射过程分离,如果不拉动控制器,水火箭不会自动发射,确保了安全。②4个水火箭可以同时发射,可以较好地控制变量,进行影响水火箭水平射程的探究活动,如图2-4-12所示。图A为探究射程与瓶内装水体积的关系,图B为探究射程与尾翼形状(三角形、长方形、梯形、正方形)和个数(1个、2个、3个、4个)的关系,图C为探究射程与充入水火箭内气体的压强的关系。该发射架还可以从0~90度的变化范围研究水火箭的发射情况,如图D所示。

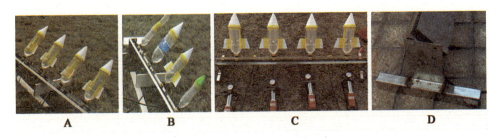

图2-4-12

该发明与探究连续两年荣获江苏省青少年科技创新大赛工程类和物理类创新成果二等奖,还获国际发明展览会银奖,其获奖证书如图2-4-13所示。

图2-4-13

第五节　无中生有

小故事

隔屋点灯

1893年,特斯拉在芝加哥举行的哥伦布纪念博览会上曾展示过"隔屋点灯"的"绝技"。按照他的想法,未来利用高塔和气球进行"广播",即可将电力输送到世界各地。特斯拉率先尝试的无线充电技术已经在手机上得以实现,而研究人员甚至正在开发类似的无线供电的厨电家居。

"隔屋点灯"的"绝技"深深吸引了才初一的树人学子夏劲松,他翻阅了许多与无线充电技术相关的资料,知道特斯拉无线充电目前正处于应用阶段,并在手机无线充电方面取得了突破性发展。他突发奇想:能不能把无线充电技术应用到玩具汽车上,并用太阳能作为向其供电的绿色能源呢?于是他上网百度了一下,好像在玩具类还没有查到无线充电;又到淘宝上看了看,也没有无线充电玩具。因此他决心采用加一加的发明方法,试一试玩具汽车的无线充电能否实现。他选择了小时候玩过的一款遥控玩具电动汽车、太阳能电池板和三星手机无线充电座充。该座充具有过压、过流、过热保护电路,并有Micro USB接口,因其上窄下宽的特点,能与无线充电器接收器完美连接。更有座充工作状态的LED灯显示装置,充电状态显示红色,充电完成显示绿色。

接着他拆除了玩具汽车电源部分,获得一个充电电池和座充电路的安装空间,并分别将充电电池与玩具汽车控制电路、充电电路以及无线充电接收器连接起来,再将各部分装置进行安装固定。就成功制成了能适用于玩具汽车上的"特斯拉无线太阳能充电器",参加中国创造力大赛预赛,获得一等奖,后入围参加决赛,荣获金奖,如图2-5-1所示。

第二章 技法解密

图 2-5-1

 点金石

无中生有

上述的"隔屋点灯"和"无线充电"都可以用"三十六计"中的第七计"无中生有"来概括。"无中生有"原指本来没有却硬说有,形容凭空捏造。而"三十六计"中的"无中生有"是根据我国古代卓越的军事思想和丰富的斗争经验总结而成的兵法,是中华民族悠久文化遗产之一。该计语出自老子的《道德经》第 40 章:"天下万物生于有,有生于无。"揭示了万物第有与无、相互依存、相互变化的规律。那就不是"凭空捏造"那么简单了。尤其是无线充电技术已经成功应用于手机上了,那就不能把其说成是"本来没有却硬说有"的了。

其实"无线充电技术"的背后藏着一个最基本的物理原理,就是电磁感应。类似变压器初级线圈的电流通过,产生感应磁场,处于该磁场中,靠近初级的次级线圈中随之产生感应电流。如果两个线圈彼此贴近,同时保证电线缠绕方向一致,那么电磁感应的过程几乎不会丢失任何能量,如图 2-5-2 所示。

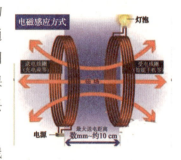

图 2-5-2

太阳能充电器是将光能转换成电能的器件,当光线照射太阳能电池表面时,一部分光子被硅材料吸收;光子的能量传递给了硅原子,使电子发生了跃迁,成为自由电子,在 P-N 结两侧集聚形成了电位差,当外部接通电路时,在该电压的作用下,将会有电流流过外部电路产生一

定的输出功率。于是就实现了电能的无线传输或无线充电。

"无"和"有"是矛盾的一对,"无中生有"也应成为一种别出心裁的发明技法。从"无"入手进行发明的,除了上述的"无线"外,还有"无水""无烟""无尘""无土""无木""无形""无臭"等。

思维台

因果思维

  因果思维是根据事物因果联系的必然性来寻求创新突破的一种思维方法。因果联系是由先行现象引起后续现象的一种必然联系,它是普遍的、客观存在的。原因和结果相互依存,没有无因之果,也没有无果之因。其逻辑是:因为 A,所以 B,或者说如果出现现象 A,必然就会出现现象 B(充分关系)。这是一种引起和被引起的关系,而且是原因在前,结果在后。但一切先后关系不一定就是因果关系,例如:起床先穿衣服,然后穿裤子,或者说先刷牙后洗脸,这都不是因果关系。并不是一切必然联系都是引起和被引起的关系,只有有了引起和被引起关系的必然联系,才是属于因果联系。

  在上述的无线太阳能充电器中,当光线照射在太阳能电池板的表面时,一部分光子被硅材料吸收,光子的能量传递给了硅原子,使电子发生了跃迁,成为自由电子,在 P—N 结两侧集聚形成了电位差,这就是因。当外部接通电路时,在该电压的作用下,将会有电流流过外部电路产生一定的输出功率,这才是果。正是这种因果联系,实现了电能的无线传输,导致了夏劲松同学"特斯拉无线太阳能充电器"的发明成功,这正是因果思维的魅力所在。他也因此有机会以电能的无线传输作为自己的发明梦想,在中国青少年创造力大赛的舞台上,在荣获发明作品金奖的同时,又入围参加"我的发明梦想"的演讲比赛,再次获得金奖,其演讲稿的全文如下:

  各位领导,老师,大家好,我站在这里阐述一下我的发明梦想。

  首先我想说,发明之路,没有尽头,吾将上下而求索。曾经,看到神舟飞船直冲云霄,看到结晶牛胰岛素挽救无数生命,世界首个存储单光子存储器在中国诞生……如此种种。我为我国所创造的成果而骄傲。作为学生的我,应以科学家为榜样,以先进的发明创造为目标,也要创新,发明,创造!

  我也曾心生困惑,创新究竟是什么?我应该如何创新?我反复问自己,反复思考。学识不足,让我感到科技创新像雾里看花,空中楼阁,不可捉摸。进了树人学校后,我参加了树人少年科学院的相关活动,那可真是令我深受启迪,发明念想油然而生。并对无线充电技术产生了浓厚的兴趣,还将它与太阳能充电技术进行巧妙整合,成功地应用到玩具汽车上,发明了"特斯拉太阳能无线充电器"。并以该作品参加了第12届中国少年科学院小院士课题研究成果展示答辩活动,获得一等奖和中国少年科学院小院士的荣誉称号。

至那时,我才发现,创造发明这个高大上的词有时候也并非难以触摸,原来认为只有发明家才能发明的想法也烟消云散了。其实我们每个人都能去发现,乃至发明,为我们的社会、我们的国家做出贡献。

从那以后,我自学了电学的相关知识,并结合电子产品说明书上的相关问题进行思考。我经常会发现在说明书中有不计某部件电阻的字样,这不就说明我们的电能转换成其他形式的能会有一定损耗吗?再查阅资料,发现远距离输电的损耗是相当大的。不过真的无法避免吗?

荷兰人卡末林意外地发现,将汞冷却到4.3 K时,汞的电阻突然消失为零,这就是超导现象。后来日本人发现123 K的超导体,这些数据表明高温超导领域已经有巨大突破,当然,在巨大突破的同时也有更多问题去探究。原谅我学识不足,不能大谈什么高深的理论,我相信,在我学习了足够知识之后,我也能发现更高温度的超导体,让我们的电能损耗降到最低!

现在,大家也知道我的发明梦想就是降低电能的损耗。刚才说到的是去减小电阻以降低损耗,我们也可以换一个思维方向,我们能不能不用导体呢?当然,美国已经完成这一创举,无线传电技术已经面世。

在这项技术研究初期,它的效率是非常低,相距20厘米远的地方输电效率只有百分之八十。今天我发明的"特斯拉太阳能无线充电器"只能是初步的探索。可以想象的是,这项技术的运用前景是多么广阔,或许,以后我们将再也看不到那高高的电线杆了。还是那句话,创造之路,吾将上下而求索。

让我们赶快加紧步伐,跑起来,飞起来!让我们插上科技的翅膀,迎着科学的春天,飞起来!让我们大胆地创新与发明,脚踏实地地去创造吧!

演练场

小试牛刀

请你从"无水""无烟""无尘""无土""无木""无形""无臭"等中选择一个入手,结合上述"无线充电"的因果思维方法,设计出新的方案来。将该方案书写在方框中,并按下列要求自我评价：

写出思路的为合格，形成初步方案的给优秀，有创意的给铜牌，制成实物的给银牌，效果显著的给金牌，以示鼓励。（请及时将等次记录在本书末页的表中）

展示台

不粘手与防溢水

夏劲松同学的发明是充电的角度为玩具汽车设计，变有线充电为无线充电。这里再分别从"不"和"防"的角度介绍丁禹辰和包效诚两位同学的小发明。

1. 变粘手为不粘手的502胶

丁禹辰同学在搞小发明时，需要用502胶将实物粘成整体。在粘合的过程中，经常会不小心使一些流到手上，手便和模型都粘在了一起。要将其分开，必须使劲和用大量的水冲洗手，这样不仅浪费了许多时间，而且损伤了模型和手，并浪费了许多水。那么如何才能防止502胶流到手上呢？

他从原因分析入手，将一个空心的吸盘套在502胶的瓶颈处来防止502胶向下流，发明了不粘手的502胶，解决了502胶的粘手问题，该发明荣获中国少年科学院小院士课题研究成果一等奖，他也被评为中国少年科学院小院士，如图2-5-3所示。

（1）产生原因

他在使用502胶时，往往由于力量控制不好，导致挤的502胶有点多，便会有几滴残留在瓶口，又未被及时发现，于是再把瓶身竖起来时，残留的502胶便会在重力作用下向下流，这时就很容易把手粘起来。

图2-5-3

（2）改进方法

一开始丁禹辰同学是用餐巾纸将502胶一层一层地裹起来,这样效果十分显著,不小心流出的502胶全被餐巾纸吸收了,再也没有把手粘起来,可这样也有不好的一面,就是每用一次502胶都要浪费一团纸,而且他经常会把餐巾纸粘到模型上,弄得一团一团的白色,这样既破坏了美观,又浪费了纸,不符合低碳生活的要求。后来他便想,有什么可以代替这一层一层的纸呢。在一次整理抽屉时,他发现了一个吸盘,这时突然来了灵感,他想可以将一个空心的吸盘套在502胶的瓶颈处来防止502胶向下流,把手粘住。就这样,他就设计并制成了这"不粘手的502胶",其制作过程如图2-5-4所示。

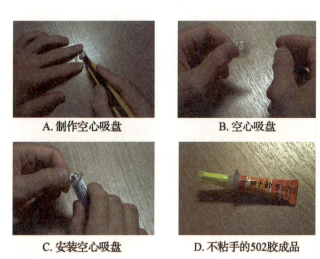

图2-5-4

（3）创新分析

这种"不粘手的502胶"虽然只是改进了一点,生产成本也不会上涨多少,但是如果这种"不粘手的502胶"能普及起来,那么一定能节约许多用来洗手的水。因为中国现在越来越重视科技和青少年的动手能力了,喜欢做模型的青少年也越来越多了,所以502胶也被广泛地使用,这大大提高了手被粘的概率,浪费的水也就变多了,而"不粘手的502胶"一定能帮助节约掉这部分水。

2. 变溢水壶为防溢电水壶

包效诚同学细心留察,发现使用电水壶烧开水时,如果将水壶加满冷水或者加水较满时,水烧开沸腾后,开水就会从壶嘴和壶盖口周围快速溢出。

（1）实验论证

他还特意用家里的电水壶做过实验,在水壶接近装满的情况下,水烧开后,如果不及时拔掉电源,有30%左右的开水将会从壶嘴和壶盖口周围快速溢出,浪费了开水(也就是浪费了能源),同时溢出的开水流在台面或地面(地板)上,需要费时费力进行清扫,有时还会对木质台面和地板造成损害,更严重的是,溢出的开水流出后还往往会浸泡加热器外端的电源,电水壶外端的电源插座上经常被浸水,还会有漏电隐患。对于普通烧开水的水壶,开水的大量溢出,也可能浇灭燃气,引起严重的安全隐患。

现在很多型号的电水壶带有开水报警装置,但是当水烧开电水壶开始鸣叫时,即使立即过去切断电源,还是会有一定量的开水溢出,稍微延迟一会,就会有大量的开水溢出;还有一些金属电水壶外壳上贴有限注水位线标记,但由于金属材质不透明,稍不注意灌入壶内的冷水就会超过限注水位,如果每次只加入一半左右体积的冷水,虽然水烧开后溢出量很少,但是烧开水的效率又很低。

综上所述,目前市面上出售的电水壶普遍存在着水烧开后容易从壶嘴和壶盖口周围溢出的问题,并且没有根本的解决措施。

(2) 查新分析

他通过专利和查新,现已授权或公开的防溢水壶的设计大致有如下4种:

专利号为ZL201020273040.0的防溢水安全电壶,在电壶周围装有一个绕壶体一周的凹槽,在凹槽最低处连接一根泄水管。专利号为ZL201310709428.9的防溢水炊壶,在壶体的腰部设有圆环状的挡水沿,形成沟槽积水。专利号为ZL201220145751.9的双层防溢水壶,壶壁外套有一层与壶底相连接的外壶壁,内壶壁与外壶壁之间间距5mm,两壶壁在壶底和壶口处均封闭,壶嘴处留有间隙,壶口处内壶壁上设有溢水孔,壶口上方为壶盖。专利号为ZL201220730806.2的防溢水壶,上壶盖周围设有环状水槽的防溢水圈,防溢水圈底部设有排水管,电热水壶底部设有吸水盘,能够接住排水管流出的水。

仔细研究分析这些发明,虽然各不相同,这些发明都是在水烧开溢出后,设计一些承接、导流或者吸水装置,解决了开水流向地面、台面或电插座上的问题,但是开水却已经溢出,浪费已经造成,不能完全节约并利用溢出的开水,而且有些设计改变了水壶原有的外形,使水壶占台面的面积大大增大,有的则需将导流管通向水池,该种类型水壶的使用地点有局限性(须离水池不远)。

(3) 创新成果

与目前已有的相关发明不同,包效诚同学的发明能解决使开水不溢出或者溢出后还能正常使用这一关键问题。发明了"一种新型防溢电水壶",获得了国家专利,专利号为 ZL 201420133380.1,并获江苏省青少年科技创新大赛创新成果二等奖,如图 2-5-5 所示。其专利摘要附图如图 2-5-6 所示。所采用的技术方案:

图 2-5-5

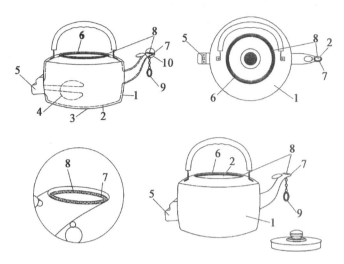

图 2-5-6

①采用新型的双层设计,以目前普通电水壶为内胆,用于正常装注冷水;内胆外面设计套有一层外壶壁,内外壁间除去电加热器所在位置均为空夹层,用途是储存内胆水烧开后溢出的开水。

②内胆外壶壁在壶嘴、壶口处内外连接,而且设计成外高内低的环形凹槽斜面(见图 2-5-6 俯视图第 2 和第 8 部分),上有大小均匀的小孔,这样当内胆水烧开后,溢出的开水就会通过凹槽斜面上的小孔进入外壶壁和内胆间的夹层。

③针对壶嘴槽斜面,专门设计一个环状金属硅胶圈垫挂在壶嘴上(见 2-5-6 透视图第 9 部分),环状金属硅胶圈上下两层,上面材质是金属,下面是硅胶,上下粘合而成。其大小和壶嘴布满小孔的环形凹槽相契合,如果想将内胆和夹层里的开水一起倒出时,可以不使用这个环状金属硅胶圈垫;如果水壶使用时间很长,担心夹层内有水垢,不想将夹层中的水和内胆中的水一起倒出用于饮用,就可以在倒水时,使用这个环状金属硅胶圈垫,塞进壶嘴布满小孔的环形凹槽里,封闭环形凹槽的小孔,这样就可以将夹层里的水封闭,待内胆里水倒出后再取掉圈垫,夹层内的开水可以单独倒出使用。

该发明作为一种新型防溢电水壶,不仅能完全解决开水沸腾后溢出问题,而且原来溢出的开水还在新型水壶内部的夹层里,可以单独倒出正常使用,没有任何开水的浪费,同时如果水烧开后没有及时冲进水瓶,夹层里的开水还起到了很好的保温作用,因此,本发明的新型防溢电水壶做到了真正意义上的防溢、安全和节能。

第六节　移花接木

小故事

智能拐杖

吴迪同学经过调查发现 65 岁以上的老年人中至少有 30% 的人摔过一大跤，更有平衡能力差的老人由于害怕摔跤而限制了自己的身体活动和社会交往。更有部分高龄老人由于记忆力下降很快，往往记不住自己家的位置，也记不住和子女家之间的路，不敢外出，不能来回走动。于是在他脑海中闪现了为老年人解决因记忆力减退，腿脚不便，视力下降和不擅与人交流等因素影响其自由活动的问题，发明了"基于 GPS 定位的智能拐杖"，如图 2-6-1 所示。

图 2-6-1

其中的图 A 是实物图，图 B 是远程定位器开发板结构图，图 C 是该发明参加江苏省青少年科技创新大赛决赛设计的展板，图 D 是荣获江苏省青少年科技创新成果一等奖的证书。该发明具有下列特点：

1. 摔倒监测

通过倾斜传感器检测拐杖是否倾倒，从而判断老人是否摔倒。

2. 报警发送

智能拐杖控制板上装有 SIM 卡，一旦老人摔倒，立即自动（控制器处于自动检测状态下）向家人手机发送摔倒信息。当老人休息时需将控制器置于手动状态，这样即使把拐杖放倒，也不会发送摔倒信息。

3. 远程定位

远程定位系统由定位终端、手机客户端组成。定位终端采用 GPS 全球定位系统和基站双模式，既可提供高精度定位（小于 10 m 的精度），也可实现无 GPS 环境下的快速定位。

4. 动态显示

手机客户端可下载免费的智能手机客户端软件，进而实时监控定位器当前位置、电量、定位模式，通过地图 APP 动态显示定位终端实时位置，让家人一目了然。

点金石

移花接木

上述的"智能拐杖"将 GPS 定位原理移植到老年人使用的拐杖中，就是在移花接木。这里的"花"是 GPS 定位原理，"木"是拐杖，将它们有效地结合就是智能，所以吴迪同学就将其命名为"基于 GPS 定位的智能拐杖"。

移花接木发明技法是将某个学科、领域中的原理、技术、方法等，移植或渗透到其他学科、领域中，为解决某一问题提供启迪、帮助的创新思维方法。把现有科技成果向其他领域铺展延伸的移植，其关键是在搞清现有成果的原理、功能及使用范围的基础上寻找新载体。或是从研究的问题出发，通过创新思维，找到现有成果。这里的花可以是原理、结构、方法、材料或功能。

1. 移原理

这是将某种科技原理移向新的研究领域和新的载体，把成熟的事物原理根据相似性复制到其他思维中，为解决某一问题提供启迪帮助的创新思维方法。吴迪同学通过查新得知 GPS 定位原理有许多应用，最为普遍的是应用在汽车上，成为导航仪。而吴迪则是将其移植到拐杖上。实时监控定位器当前位置、电量、定位模式，通过地图 APP 动态显示定位终端实时位置，让家人对老人的户外活动一目了然，以防不测。

2. 移结构

这是将一领域的独特结构移植到另一领域而形成具有新结构的方法。许多发明创造实际上是形态特征的创造,物体的功能又往往是从结构上体现出来的。当某一事物的结构、功能与待要发明的事物所需功能相近时,该结构也许就能满足目标的使用功能,正是这种相似性的存在,为结构移植提供了广阔的空间。如徐崇越同学发明的"教室光控节电器",就是将光控继电器、光敏传感器等电子结构核心元件移植到节电器中来,实现对光强弱的自动控制。可直接与教室内的配电箱中的日光灯连接,光敏传感器通过外接线安装在教室中的适当位置,能直接感受教室内的照度大小。构件的连接图如图2-6-2所示。其中的图甲为光控继电器,图乙是光敏三极管,图丙为原理图,图丁为实物接线图,该发明荣获江苏省青少年科技创新成果二等奖,如图戊所示。

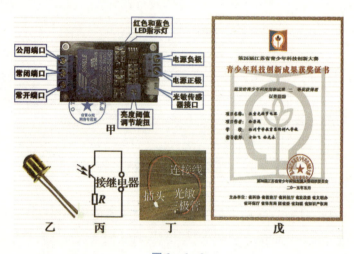

图 2-6-2

3. 移方法

这是将某一领域的技术方法有意识地移植到另一领域而形成的创造方法。如树人学校初一学生吕东宸看到妈妈买了一只小兔吹肥皂泡泡的灯笼,虽然不觉得有什么新意,但毕竟是个新玩具,就在家里随意地玩起来,泡沫喷得家里地板、地砖上到处都是,父亲回来立即厉声喝止:把地板"腐蚀"了。他赶紧拿了一把干拖把把地板、地砖来回拖了一遍,原来粘了不少浮灰和鞋垢的地面立即干净了,恢复了地板光亮洁净的原貌。比湿拖把来得方便,比干拖把拖得干净。吕东宸受此启发,将其方法移植到清洁工具上,发明了"能喷清洁剂的清洁工具"。该清洁工具由喷雾按钮、推杆、喷头,手动加压柄和气压储液罐等组成,这种喷壶的喷头是可以调节的,它可以调节喷出来的水雾颗粒的大小。他在喷壶里装上地板清洁液,分别在木地板和地砖上喷了两平方米左右,然后用干拖把拖了一遍,结果非常满意。他将喷壶设计成可拆卸式,用它还能打蜡,不用弯腰同样节省时间和劳力。该发明获专利号为 ZL201120058868.9 的国家专利,他还当选为中国少年科学院小院士,如图2-6-3所示。

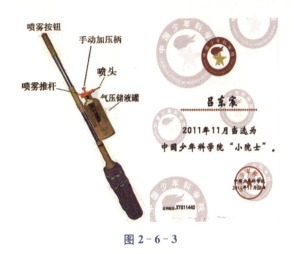

图 2-6-3

4. 移材料

这是将产品的材料更换,实现创新或发明的方法。在一定条件和架构下,即使是看似软弱无比的纸张,也能承受巨大的压力。树人学校初二学生崔师杰和王培成合作完成的"过人纸桥",用 2000 多张废旧的报纸卷成筒形结构并用 1.4 kg 的面粉捣制成糨糊,组合而成有 3 个拱形结构的长 4.1 m、宽 0.54 m、高 0.37 m、质量 26.08 kg 的纸桥,能承载 10 个初中生顺利过桥。该纸桥在江苏省基础教育工作会议的现场展示活动中,受到了与会领导和嘉宾的高度赞赏,如图 2-6-4 所示。其中的图 A 为全部用废报纸糊成的桥梁,B 为采用挑梁方法的桥墩,C 为桥板,D 为用红吹塑纸装饰桥面的三拱纸桥,图 E 为 9 位学生手举"树人少科院欢迎你!"的欢迎牌,站在纸桥上向嘉宾致意时拍摄的照片,图 F 为荣获江苏省青少年科技创新成果二等奖的证书。

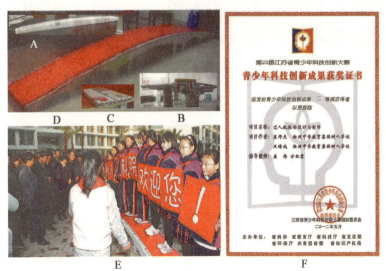

图 2-6-4

5. 移功能

这是将某种产品的功能移植到其他产品上，以实现产品的创新。如超导技术具有能提高强磁场、大电流、无热耗的独特功能，可以移植到许多领域：移植到计算机领域可以研制成无功耗的超导计算机，移植到交通领域可研制成磁悬浮列车，移植到航海领域可研制成超导轮船，移植到医疗领域可研制成核磁共振扫描仪等。树人学校初二学生路远将红外传感器和有智能提示功能的无线发射装置移植到机动车上，发明了"一种安置于岔路口的安全行车智能提醒装置"，解决了交叉道口车祸频发的交通问题。它通过红外线感应器对途经非机动车道的车辆进行探测，当发现有非机动车辆驶入该区域时，能自动通过无线信号，通知安置于机动车道边的警示屏闪亮，从而提醒机动车驾驶员减速行驶，以减少交叉道口交通事故的发生率。该发明获国家专利，其专利号为 ZL201120058868.9，并荣获江苏省青少年科技创新成果二等奖，如图 2-6-5 所示。

图 2-6-5

思维营

创新思维

创新思维是一种具有开创意义的思维活动，即开拓人类认识新领域，开创人类认识新成果的思维活动，它往往表现为发明新技术、形成新观念、提出新方案、创建新理论。其主要特点是：

1. 思维的联想性

联想是将表面看来互不相干的事物联系起来，从而达到创新的界域。联想性思维可以利用已有的经验创新，如我们常说的由此及彼、举一反三、触类旁通，也可以利用别人的发明或创造进行创新。联想的最主要方法是积极寻找事物之间的一一对应关系。

2. 思维的求异性

创新思维在创新活动过程中，尤其在初期阶段，求异性特别明显。它要求关注客观事物的不同性与特殊性，关注现象与本质、形式与内容的不一致性。一般来说，人们对司空见惯的现象和已有的权威结论怀有盲从和迷信的心理，这种心理使人很难有所发现、有所创新。而求异性思维则不拘泥于常规，不轻信权威，以怀疑和批判的态度对待一切事物和现象。

3. 思维的发散性

发散性思维是一种开放性思维，其过程是从某一点出发，任意发散，既无一定方向，也无一定范围。它主张打开大门，张开思维之网，冲破一切禁锢，尽力接受更多的信息。可以海阔天空地想，甚至可以想入非非。人的行动自由可能会受到各种条件的限制，而人的思维活动却有无限广阔的天地，是任何别的外界因素难以限制的。发散性思维是创新思维的核心。发散性思维能够产生众多的可供选择的方案、办法及建议，能提出一些别出心裁、出乎意料的见解，使一些似乎无法解决的问题迎刃而解。

4. 思维的逆向性

逆向性思维就是有意识地从常规思维的反方向去思考问题的思维方法。如果把传统观念、常规经验、权威言论当作金科玉律，常常会阻碍我们创新思维活动的展开。因此，面对新的问题或长期解决不了的问题，不要习惯于沿着前辈或自己长久形成的、固有的思路去思考问题，而应从相反的方向寻找解决问题的办法。欧几里得几何学建立之后，从公元5世纪开始，就有人试图证明作为欧氏几何学基石之一的第五公理，但始终没有成功，人们对它似乎陷入了绝望。1826年，罗巴切夫斯基运用与过去完全相反的思维方法，公开声明第五公理不可证明，并且采用了与第五公理完全相反的公理。从这个公理和其他公理出发，他终于建立了非欧几何学。非欧几何学的建立解放了人们的思想，扩大了人们的空间观念，使人类对空间的认识产生了一次革命性的飞跃。

5. 思维的综合性

综合性思维是把对事物各个侧面、部分和属性的认识统一为一个整体，从而把握事物的本质和规律的一种思维方法。综合性思维不是把事物各个部分、侧面和属性的认识随意地、主观地拼凑在一起，也不是机械地相加，而是按它们内在的、必然的、本质的联系把整个事物在思维中再现出来的思维方法。美国在 1969 年 7 月 16 日,实现了"阿波罗"登月计划,参加这项工程的科学家和工程师达 42 万多人,参加单位 2 万多个,历时 11 年,耗资 300 多亿美元,共用 700 多万个零件。美国"阿波罗"登月计划总指挥韦伯曾指出:"阿波罗计划中没有一项新发明的技术,都是现成的技术,关键在于综合。"可见,阿波罗计划是充分运用综合性思维方法进行的最佳创新。

小试牛刀

请你参考上述"移花接木"的五种发明技法,将家中最普通的台灯创新为新颖时尚的艺术台灯。请将答案书写在方框中,并按下列要求自我评价:

写出 1 个式样的为合格,2 个式样的给优秀,3 个式样的给铜牌,4 个式样的给银牌,5 个式样的给金牌,以示鼓励。(请及时将等次记录在本书末页的表中)

月球车模型

吴迪同学发明的"智能拐杖"将 GPS 定位原理移植到老年人使用的拐杖中,他的另一个发明"追梦号月球车模型"则是将人工智能、自动控制、机构学、信息技术和计算机技术等多个技术移植到月球车上。

1. 月球车的设计

(1)智能小车的底盘选型与设计

通过分析目前已有的数十种月球车样机,结合市场已有的小车底盘特点,针对他的研究基础,决定采用CCF—4WD四驱车底盘,该小车所使用电机为双输出轴金属直流减速马达,可方便安装霍尔测速传感器,该电机具有工作电压低、转速高、扭矩大的特点。该小车有如下特点:①底盘结构设计合理,采用铝合金材质,上面有安装孔、固定槽等。组装简单,扩展灵活,可安装常用传感器、舵机云台及机械臂。②采用四轮驱动,金属底板+金属固定座+金属电机+金属联轴器及优质橡胶轮胎,具有扭矩大、支撑力强、速度快等优势。③该小车直流减速电机采用双输出轴设计可方便安装测速模块。④在小车的前后支撑板上,设计了不同的安装孔,可以方便地加装红外测距传感器、超声波传感器、机械臂、舵机云台等。⑤预留的定位孔、固定条孔可以方便地扩展单片机固定板、驱动板、传感器模块及调整模块的组装位置。

(2) 小车控制及图像采集装置的设计

小车的控制采用基于单片机STC12C5A32S2的控制板,如图2-6-6所示。STC12C5A32S2的控制板是专为Wi-Fi智能小车设计,可以通过安卓手机或者计算机以Wi-Fi方式控制小车模型的前进后退,以及摄像头的左右转动和仰视角。在单片机系统上,拥有一个完整的P4口,用于控制舵机。为了让控制板作为核心,单片机的

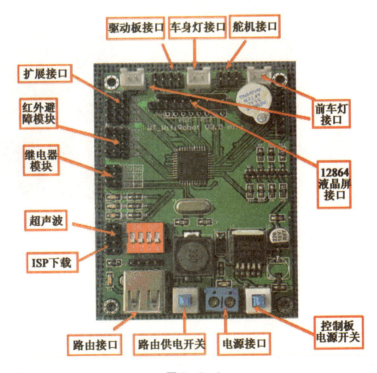

图2-6-6

控制板只引出下载程序使用的STC-ISP接口,可以方便电脑下载STC单片机程序,下载程序时只需要采用232转换电路小板。在电源设计上,设计了一个电源输入接

口,采用 LM2956S—5.0 稳压芯片,输出 5 V 稳定电压,更大地提高稳压效率及降低功耗,输入电压范围宽(5.5—24 V)。图像采集装置选用带有 LED 补光的摄像头,摄像头装在云台上,此云台可以用于 Wi-Fi 小车控制摄像头左右上下运动,进行多方位摄像。

(3) 机械手的设计:机械手选用六自由度三维旋转机械手套件。机械手臂是目前最广泛应用的一种自动化机械装置,在工业、军事及太空探索等领域常能见到它的身影。该套三维机械手臂可以任意旋转抓取前方的物体,机械手伸长距离很长,底部通过一个平台固定,平台上面有很多 M3 安装孔位,可以很方便地安装在固定地方,节省了很多繁杂的结构件,使整个机械手结构很精简,成本也节省了不少。通过上位机编程软件可以很方便地将调试好的动作下载到控制器里面,可以自行运行或者通过 PS 无线手柄来完成一系列的抓取动作。

2. 月球车的调试

月球车包括智能小车、无线路由器、摄像头、机械手四大模块,其中智能小车及机械手均有单独的控制板,为了完成月球车的调试,采取分步调试和整车联调两个环节、四个步骤。

(1) 智能小车的安装与调试

根据小车主要构件特点,首先完成小车的组装,考虑到机械手自重,为了保证小车平稳运行,将电池盒装到底盘箱体,使小车重心下移。小车控制板与无线模块上下放置,节省空间,摄像头置于车身左前侧,左后侧用铜柱架空控制板,控制板下方放置无线路由器,小车底盘右侧的一定空间安装机械手底座。小车的安装图如图 2-6-7 所示。小车安装完备,即可进行功能调试,如果使用计算机控制小车运动,则将 WifiRobot 在计算机上运行,点击连接,待 Wi-Fi 路由器停止闪烁之后,跳出小车连接成功窗口,点击确定。点击速度按钮,5 个速度按钮分别表示小车的齿轮转速,点击左转、右转、左退、右退、左旋、右旋、前进、后退、停止实现小车的不同行走方式。

图 2-6-7

(2) 摄像头的安装与测试

安装摄像头之前,首先在底盘选择合适位置打孔,安装二自由度的云台舵机,并将舵机数据线插到控制主板的舵机接口处(P4~P6,P4~P7),然后将摄像头架设在云台上,将摄像头的数据线插入路由器 USB 接口,点击主界面摄像头控制栏的摄像头上、摄像头下可调整摄像头俯仰视角,点击主界面摄像头控制栏的摄像头左、摄像头右可调整摄像头左右转。当需要传输视频时,点击视频按钮就可在主界面看到摄像头所拍摄的视频,点击录像、截图功能按钮实现录像、截图。

(3) 机械手的安装与测试

机械手的安装要根据机械手底盘 M3 孔的位置,在小车底盘上钻 4 个小孔,然后将六自由度的机械手底盘通过螺丝固定在小车底盘上,支架与支架间的安装选用 M3×8 螺丝,金属舵盘与支架的安装固定选用 M3×6 螺丝,接着安装底部舵机支架:先装好轴承,被试轴承尺寸 3×8×4(mm)。每一个舵机活动关节处,侧面必配一个活动轴承。安装好底部舵机支架后,开始安装舵机,安装舵机之前切记:先要调整好舵机角度,这样关节处才能活动在你所需要的有效的范围内。我们用舵机自带的摇臂配件来大致估算一下角度,手动打到左右的死角,然后再选择中间值角度安装。估算角度完成后,换上金属舵盘,保持刚才的角度。安装过程中要注意金属舵盘的孔径方向。根据功能需求安装完五个舵机及支架之后,再安装手部,手部需要一个金属舵盘配合。手部的金属舵盘如图 2-6-8 所示。

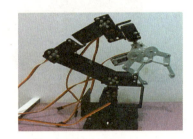

图 2-6-8　　　　　　　　　　图 2-6-9

手部安装完成即可实现如图 2-6-9 所示的机械手。接着将 6 只的 6 组数据线插入舵机控制器 QSC32E 的相应接口,舵机控制器如图 2-6-10 所示,本装置舵机接口选择 0、1、2、16、17、18 号舵机接口。机械手的调试可以通过计算机控制,也可以通过 PS2 手柄控制。调试过程如下:①上位机软件的安装,双击打开上位机软件 Q-Robot_Servo_Control。接着点击一次刷新,然后选择最新出来的 COM 口并单击连接。②设置舵机动作,现以 31 号舵机为例说明多级的动作设置,选择 31 号舵机然后左右拖拉 31 号舵机,这个时候通讯指示灯 D1 会跟着同步闪动且舵机会跟着左右转,推到左边,然后添加动作。调试好文件后点击运行就能运行动作了,循环打上"√"就是循环这个动作组。如果边拖舵机号的指示条以及拖拉舵机位置,添加动作后,启动面板控制的时候舵机号的图标也会跟着同步运动。本装置有 6 个舵机,分别依照上面的调试方式,依次设置 0、1、2、16、17、18 号舵机的动作方式及次序,实现月球样本的抓取和采集。③手柄接收器的调试,手柄接收器跟舵机板的 PS2 接口如图 2-6-10 所示。PS2 接口连接之后,手柄接收器后灯跳闪,待跳闪稳定之后即可通过手柄控制机械手的动作。

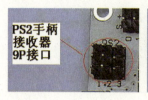

图 2-6-10

(4) 整车联调

完成各功能模块的分步调试之后即可进行整车联调,将改锥作为月球车模型抓取月球的样本,在计算机主界面上手动控制小车移动到接近改锥的地方,然后通过 PS2 手柄控制机械手,实现机械手的抓取动作,抓取动作如图 2-6-11 所示。

图 2-6-11

该发明荣获宋庆龄儿童发明奖金奖、江苏省青少年科技创新大赛创新成果一等奖、中国少年科学院小院士课题研究成果展示答辩活动一等奖,吴迪被表彰为中国少年科学院小院士,如图 2-6-12 所示。

图 2-6-12

第七节 改弦更张

小故事

电子测力计

程曼秋同学上了初二,学了物理,用天平测物体的质量,感到使用非常麻烦,而且测量的精度还不如家里的电子秤。

她想:测质量是老百姓天天遇到的事情,以前用杆秤测质量,但随着科技的发展、时代的进步,现在无论是家庭或市场,杆秤已被电子秤取代,退出了历史舞台。而我们物理课本现在仍用天平测质量,以前的理由是天平的精度比杆秤高,虽然价格比杆秤高,但实验室和科研单位还是选择了天平。可现在有了电子秤,老百姓已经用电子秤取代了杆秤,那天平为什么还霸占着学校实验室不放呢?难道说仍然是精度的问题吗?于是她对天平和电子秤从精度上进行了实验比较,用电子秤测水果的质量为84.58 g,从调节到读数,不到40秒,如图2-7-1所示。换用天平测,从调节到读数,至少3分钟,测得的质量数是84.6 g。因为实验室提供天平游码标尺的分度值为0.2 g,显然,天平的测量精度也不如电子秤。她还针对电子秤只能测重力而不能测拉力的不足,进行创新和改进,将电子秤的测量功能进行了扩大,成为测力计。并从应用、价格、角度、操作、功能和本质等6个方面,对电子秤和托盘天平进行比较研究,其结果如表2-7-1所示。

图2-7-1

表 2-7-1

比较内容	电子秤	托盘天平
应用调查	已经走进普通的百姓家庭	学校实验室
网购价格	28 元/台（0.01 g 精度）	63 元/台（0.2 g 精度）
精度量程	精度为 0.01 g，量程为 500 g	精度为 0.2 g，量程为 500 g
操作情况	操作简单、使用方便	操作复杂、使用不便
功能比较	既能测质量，又能计数，还能测力	只能测质量
本质特征	它是电子天平，有现代气息	它是机械天平，属传统仪表

由表可知，电子秤与托盘天平相比，无论是精度、价格、操作、功能、应用等方面都占有绝对的优势。她认为天平应和杆秤一样，必将被电子秤取代而退出历史舞台。于是她向物理教材编写组提出建议：将电子秤替代天平作为测质量的主要仪器，写进教材。并发明了"电子测力计"，它由电子秤、压块、定滑轮等部件构成，如图 2-7-2 所示，还荣获江苏省青少年科技创新大赛一等奖。

图 2-7-2

点金石

改弦更张

改弦更张原是指琴声不和谐，换了琴弦，重新安上，就能琴声和谐。可将它喻为变更方法。上述这种改电子秤为测力计的发明技法，称为改弦更张法。

电子秤的功能主要是测质量，那么程曼秋同学是如何用改弦更张法来测各种力的呢？

1. 改弦更张

程曼秋想到了改弦更张的故事。古琴最早只有五根弦，周朝的文王和武王分别加了一根，成了七根弦后就克服了五弦的音律不全的不足。改成七弦后的古琴就能表现较复杂的音乐，就一直沿用至今。

受此启发，她在电子秤上加了压块和定滑轮这两个元件，就能测各种力了，如图 2-7-3 所示。压块解决了能测拉力的问题，但只能测竖直方向的拉力，定滑轮能改变力的方向，就能测量各个方向上的不同拉力了。测量时，先将电子秤的选择键置于 g，再将压块置于电子秤的秤盘上，去皮归零。然后将拉力通过定滑轮作用在压块上，显示屏的示数可反映拉力的大小了。

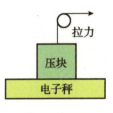

图 2-7-3

2. 示数转换

其实，上述显示屏的示数还不是真正的拉力大小，因为电子秤显示屏示数的单位只是质量的单位，要将其作为测力计使用，还得解决单位的换算才行。程曼秋同学提出两种方法，能将电子秤转化为测力计：一是建议电子秤生产厂家对电子秤的选择键中的 OZ（盎司）创新为 N（牛），使用时，只要将选择键置于 N，指示灯（红灯）亮就可以直接从显示屏上读出力的大小。二是对单位进行换算：根据重力 $G=mg$，可知质量为 1 g 的物体受到的重力为 10^{-2} N。在读数时，只要将电子秤的单位改为 10^{-2} N 即可，测量记录时，将力的单位记作"10^{-2} N"。测得的数据就是电子秤显示屏的示数。

3. 测力比较

电子测力计与弹簧测力计相比，有下列优势：

精度高：感量为 0.01 g 的电子秤，转化为测力计，其感量为 10^{-4} N，而通常弹簧测力计的感量只有 0.2 N，所以电子测力计的精度是弹簧测力计的 2000 倍。

操作易：只要按下电子测力计的起皮键，就能自动归零，比弹簧测力计的调零方便得多，更由于电子测力计的显示屏是数字显示，不存在误读问题。

测得快：由于本仪器有去皮功能，在测力时，可用起皮键将压块的重起皮归零，能直接测出力的大小。示数为正测压力；示数为负测拉力。

功能多：既能测力，还能测质量；既能测压力（弹簧测力计不能测压力），又能测拉力（电子秤不能测拉力）；还能测弹力、摩擦力、浮力、分子引力、机翼举力、磁力、向心力、安培力等。

思维营

模仿思维

上述改五弦为七弦，解决了五弦音律不全的问题，七弦由于能表现较复杂的音乐而能沿用至今。程曼秋同学模仿改弦更张的故事，改电子秤为测力计，基本上能测中学物理所涉及的各种力。

这种思维方法称之为模仿思维，就是依据已有的思维模式来模仿认识未知事物的思维方法。模仿思维在人类创造史上占有很重要的地位。

日本横滨有一个妇女，她的独生子生病住进了医院，她给儿子喂牛奶的时候，发觉他坐起来非常困难，心里难受之际，脑海里突然闪过一个念头：为何不让他躺着喝呢？于是她买了一根橡皮管来做吸管。橡皮管虽然可以任意弯曲，但有橡胶味，用后又不容易清洗。有一天，她在用自来水的时候，水龙头上一种可以任意弯曲的蛇形管启发了她，于是她绘制了一幅蛇形吸管的草图，这种蛇形吸管后来在一家工厂生产，成了市场的畅销品。

演练场

小试牛刀

请你用模仿思维的方法，参考上述的电子测力计案例，利用"改弦更张"的发明技法，设计出一个新的发明方案来。请将答案书写在方框中，并按下列要求自我评价：

能写出模仿对象的给合格，有模仿方案的给优秀，能画出草图的给铜牌，能将草图加工成实物的给银牌，实物效果显著的给金牌，以示鼓励。（请及时将等次记录在本书末页的表中）

展示台

力的测量与探究

1. 力的测量

程曼秋同学和树人少科院的小院士,设计了用上述电子测力计,来测量中学物理所涉及的几种力的测量方案。

(1) 摩擦力的测量

用图 2-7-4 所示装置,可以测出滑动摩擦力 f 的大小。用力 F 向右拉长板,使其与物体之间相对滑动,它无需考虑长板是否匀速,保证物体相对静止,显示屏的示数就是摩擦力的大小。

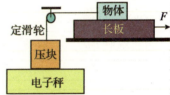

图 2-7-4

(2) 斜面压力的测量

用图 2-7-5 所示装置,可以测出斜面所受压力的大小。将电子秤放在粗糙的斜面上,并归零。然后将重物放在电子秤的秤盘上,显示屏的示数就是斜面压力的大小。

图 2-7-5

(3) 弹力与劲度系数的测量

用图 2-7-6 所示装置,可测出弹簧伸长时的弹力。还能测出该弹簧的劲度系数 k。在弹簧的一端固定一个指针,对齐刻度尺的某一刻度线,将电子秤的示数归零,然后使弹簧伸长 x_1,读出此时电子测力计的示数 F,则 $k_1=F/x_1$;同理测出 k_2 和 k_3,最后计算其平均,即为所测弹簧的劲度系数。

图 2-7-6

(4) 大气压力的测量

用图 2-7-7 所示装置,可测大气压力的大小。用力拉注射器的活塞杆,刚好使活塞在注射器壁滑动的瞬间,电子测力计显示屏的示数,即为大气压力大小。若要测大气压强,只要用刻度尺测出注射器所有刻度线间的长 L,根据注射器的最大量程 V,求出注射器活塞的横截面积 $S=V/L$,由 $p=F/S$,就能求出大气压强的大小。

图 2-7-7

(5) 分子引力的测量

用图 2-7-8 所示装置,可以测出分子引力的大小。将玻璃板没入水中,将电子秤归零,然后用力向下拉,使玻璃板刚好脱离水面,电子测力计显示屏的示数,就是分子间引力的大小。

图 2-7-8

(6) 机翼举力的测量

用图 2-7-9 所示装置,可以测出机翼举力的大小。用鼓风机给机翼模型吹风。无风时将电子秤归零,吹风时电子测力计显示屏的示数,就是机翼举力的大小。

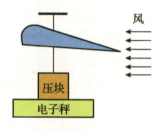

图 2-7-9

(7) 磁力的测量

用图 2-7-10 所示装置,可以精确地测出磁极间相互作用力的大小。移开强磁铁乙,将电子秤归零,然后将强磁铁乙移至甲的正上方后静止,电子测力计显示屏的示数,就是甲、乙两强磁铁之间的磁力,示数为负时是引力,示数为正时是斥力。

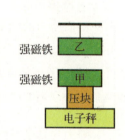

图 2-7-10

(8) 向心力的测量

用图 2-7-11 所示装置,可以测出向心力大小。物体静止时将电子秤归零,物体随滚珠圆盘一起做匀速圆周运动时,电子测力计显示屏的示数,就是向心力的大小。(本设计忽略滚珠圆盘对物体的摩擦力)

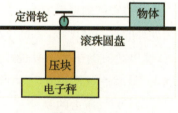

图 2-7-11

(9) 安培力的测量:用 2-7-12 所示装置,可以测出安培力的大小。不通电时电子秤归零,通电时读出电子测力计的示数,就是通电线圈受到安培力的大小。

图 2-7-12

2. 力的探究

房星辰同学利用图2-7-4所示装置,设计并制作了组合式多功能摩擦力探究仪,其设计图如图2-7-13所示,实物照片如图2-7-14所示。用它来定量探究摩擦力大小的影响因素。

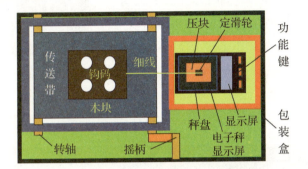

图2-7-13

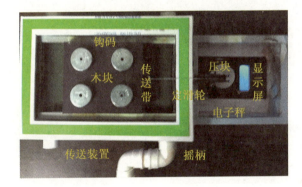

图2-7-14

(1) 结构组成

它由电子秤、压块、定滑轮、木块、传送装置和附件等组成。

①木块:利用长方体木块的平面、侧面、立面及其能放置钩码的圆孔,可方便地改变受力面积;将不同个数的50 g钩码置于木块上表面的圆孔中,能方便地改变压力的大小。木块底面用双面胶作为调换材料的中介物,可方便地将镜面纸、硬板纸、塑料纸、棉纺布、水砂纸这5种材料与木块连接,能方便地改变接触面的粗糙程度,如图2-7-15所示。

图2-7-15

②传送装置：由水管制作的传动轴、布制作的传送带和由水管及其接口制作的摇柄组成，如图2-7-16所示。粗糙的帆布绷紧在两个传动轮上，就成了传送带；摇柄直接装在主动轮上，摇动摇柄使主动轮转动，通过从动轮带动传送带在水平方向运动，与静止的木块发生相对滑动，变木板的直线运动为传送带的往复运动，有效地缩小了演示仪的体积。

图2-7-16

③附件：包括刻度尺、弹簧、橡皮筋、小量筒、小钢球、小滑轮、小车、起子、强磁体等附件，设置在包装盒内，如图2-7-17所示。增加了实验内容，提高了实验仪的使用率。

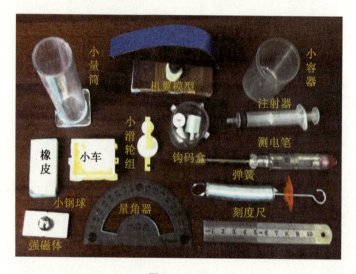

图2-7-17

（2）功能特点

①测量功能：既能测质量和力，也能测弹簧的劲度系数、动摩擦因素、斜面和滑轮组的机械效率，还能测体积、密度、功和功率。

②探究功能：既能定量探究影响摩擦力或弹力、浮力、向心力等力学物理量大小的因素，又能探究滑轮、皮带传动等装置的特点。

③验证功能：能验证胡克定律、摩擦定律和牛顿第二定律等重要的力学规律。

（3）定量探究

①测量步骤：先分别按电子秤的开关键、归零键，将单位键置于g，再将木块置于秤盘的中间，读出电子秤的示数，即为木块的质量m_0，并换算为传送带受到的压力$F=m_0g$；其大小为显示屏示数的百分之一，单位为N。再将压块置于电子秤的秤盘上后去皮，使电子秤归零。然后将木块平放于传送带上，细线通过定滑轮分别与压块和

木块连接。闭合开关,电动机转动,使传送带与木块之间发生相对滑动,读出此时电子秤的示数 m,换算成滑动摩擦力的大小。

②记录数据:将测得的数据填入如表 2-7-2 所示的表格中。

表 2-7-2

实验序号		1	2	3	4	5
压力 F/N		1.88	2.31	2.86	3.35	3.81
板面	平放	0.49	0.61	0.74	0.87	0.99
	侧放	0.50	0.61	0.74	0.87	0.98
	立放	0.49	0.62	0.75	0.87	0.99
纸面	平放	0.59	0.74	0.92	1.07	1.22
	侧放	0.60	0.74	0.92	1.08	1.23
	立放	0.60	0.74	0.92	1.07	1.22
布面	平放	0.83	1.01	1.25	1.47	1.68
	侧放	0.83	1.02	1.26	1.48	1.67
	立放	0.83	1.02	1.26	1.47	1.68

③分析论证:由表中数据可知:滑动摩擦力的大小与压力的大小有关,与接触表面的粗糙程度有关,与接触面的大小无关。再将表 2-7-2 中的第 2 行和第 3 行数据画成函数图像,如图 2-7-18 所示。由图像可知:滑动摩擦力的大小与其所受的压力成正比,即 $f=\mu F$,该图像的斜率就是动摩擦因素 μ,它描述的是接触表面阻碍物体运动的能力,动摩擦因素 μ 越大,其表面阻碍物体运动的能力就越强。

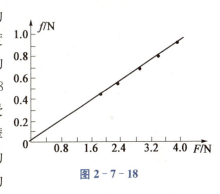

图 2-7-18

由表中数据,再根据 $\mu=f/F$ 分别计算得板面、纸面、布面的动摩擦因素分别为: $\mu_1=0.26, \mu_2=0.32, \mu_3=0.44$。

④创新发现:他还探究了摩擦力是否与物体相对滑动的速度有关,通过改变摇柄的摇动速度来改变木块与传送带之间相对滑动的速度,用秒表和电子秤分别测出摇柄摇 10 圈的时间 t 和电子秤去皮后显示屏的示数,记录在表 2-7-3 中,就不难得出这样的结论:滑动摩擦力的大小与物体相对滑动的速度有关。理解其本质是相对滑动的速度改变了动摩擦因素,导致滑动摩擦力的大小发生变化。该动摩擦因素的大小随相对滑动速度的增大而减小,最后趋于一个定值,其函数图像如图 2-7-19 所示。

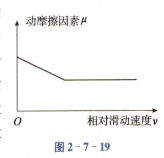

图 2-7-19

表 2-7-3

实验序号	1	2	3	4	5
摇 10 圈时间 t/s	5.3	4.2	2.4	2.0	1.2
电子秤示数 m/g	57.6	57.3	56.3	56.3	56.3
摩擦力 f/N	0.576	0.573	0.563	0.563	0.563

该探究荣获中国少年科学院小院士课题研究成果一等奖和中国青少年创造力大赛一等奖和江苏省青少年科技创新大赛二等奖,如图 2-7-20 所示。

图 2-7-20

第八节 李代桃僵

小故事

向心力探究仪

崔师杰同学利用中考结束的暑假休息时间,自学了高中物理力学部分中的向心力。他母亲是高中物理教师。他到其母亲所在学校的实验室,用如图 2-8-1 所示的向心力实验仪,进行实验探究,发现该实验仪定量探究向心力的影响因素不理想,定性研究还可以，定量探究的操作比较烦琐，而且效果也不好，收集到的数据与向心力公式的验证有较大的差距。此时他想到了初二物理老师自制的图2-8-2甲所示的摩擦力探究仪。它用电子秤测摩擦力，精度高，改变影响因素非常方便，探究效果很好。于是他萌发了设计新的向心力探究仪，来代替实验室的向心力实验仪的设想。他在母亲的指导下，经过一个暑假的努力，成功制成了能定量向心力影响因素及其公式的向心力探究

图2-8-1

仪，如图2-8-2乙所示。其使用效果十分显著，荣获国际发明展览会金奖、中国优秀青少年发明奖和江苏省青少年科技创新大赛一等奖，如图2-8-3所示。还获得了国家专利，专利号为 ZL 201220744176.4。

图2-8-2

图2-8-3

李代桃僵

崔师杰同学用图2-8-2乙所示的"向心力探究仪"代替实验室提供的"向心力实验仪"的发明技法，用成语"李代桃僵"给其命名。

李代桃僵，原比喻兄弟互相爱护互相帮助，后转用来比喻以此代彼或代人受过。在军事上，是三十六计之一，指在敌我双方势均力敌，或者敌优我劣的情况下，用小的代价，换取大的胜利的谋略。将其用在发明上，就是用性能好的仪器代替传统的仪器的不足。崔师杰同学发明的向心力探究仪，能变定性研究为定量探究，并能从测量到的实验数据中推导出向心力的数学表达式。

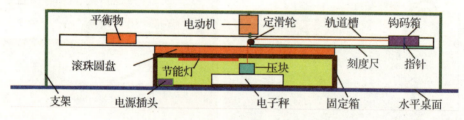

图2-8-4

那么"向心力探究仪"是如何实现变定性研究为定量探究的呢？

其设计结构如图2-8-4所示，它包括固定箱（内置电子秤、压块、节能灯、电源插头、潜望镜）、滚珠转盘、轨道槽（内置钩码箱、定滑轮、平衡物，外设刻度尺、指针）和电动机等，电动机通过支架置于轨道槽上，轨道槽置于滚珠转盘上，滚珠转盘置于固定箱上。该结构能成功解决实验室的"向心力实验仪"不能解决的下列问题：

1. **怎样精确测量测量向心力的大小？**

他用精度为0.01 g的电子秤测量向心力的大小，测量精度可达0.000 1 N。

2. **怎样改变转动物体的质量？**

他设计了方便改变质量的钩码箱，如图2-8-5所示。其左右两侧各放1和5两个钩码，中间叠放2、3、4三个钩码。这样可以按实验需要存放不同个数的相同钩码，可非常方便地获得6个不同的质量，以满足探究实验的需要。

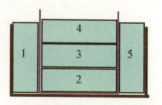

图2-8-5

3. 怎样让细线拉力成为向心力?

要使细线上的拉力成为向心力,必须减小摩擦力的影响,可采用滚动摩擦代替滑动摩擦的方法。在水平面上设置小滚珠,并用图 2-8-6 所示的轨道槽代替平面板的方法,让转动物体置于轨道槽内的小滚珠上,与轨道槽一起绕转盘转动。为了使轨道槽在绕定滑轮的边线轴转动时能自动平衡,设置平衡物,并将其固定在轨道槽内的适当位置。为了使轨道槽的转动轻巧平稳,利用餐桌上的滚珠圆盘。为了减小轨道槽侧壁对转动物体的摩擦影响,并减小滚珠的数量,在转动物体的前后两个侧面设置小滚珠。

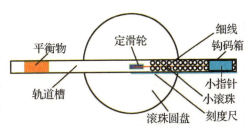

图 2-8-6

4. 怎样改变并读取转动半径?

钩码箱的设计保证了无论其中的质量如何改变,其重心位置保持不变,在重心位置处设置指针,使其与轨道槽侧面刻度尺的刻度线相对应,由指针的位置可方便地读出转动半径。调节细线的有效长度就能方便地改变转动半径。

5. 怎样改变并测量角速度?

改变转盘转动的速度来改变钩码箱的角速度,转盘的转动可采取机动和手动两种方法。将电动机固定在支架上,并保证其定子与支架相接,转子与轨道槽相接,电动机转动时带动转盘匀速转动(机动),也可以用手指按在转盘的适当位置,使转盘匀速转动(手动),用电子秒表测出钩码箱匀速转动 10 周所需的时间 t,就可以通过计算得出钩码箱的角速度 $\omega = 20\pi/t$。

这样的"李代桃僵"就能获得表 2-8-1、表 2-8-2 和表 2-8-3 中的测量数据,其中表 2-8-1 是探究向心力的大小与物体质量之间关系时获得的数据,将其画出函数图像,如图 2-8-7 甲所示。表 2-8-2 是探究向心力的大小与转动半径之间关系时获得的数据,将其画出函数图像,如图 2-8-7 乙所示。表 2-8-3 是探究向心力的大小与角速度之间关系时获得的数据,将其画出函数图像,如图 2-8-7 丙所示。

表 2-8-1

实验序号	压块质量 m_0/g	小车质量 m/kg	转动半径 r/m	转 10 周的时间 t/s	电子秤示数 M/g	质量差值 Δm/g	向心力 F/N
1	340.0	0.060	0.300	13.2	301.4	38.6	0.386
2	340.0	0.110	0.300	13.2	269.3	70.7	0.707
3	340.0	0.160	0.300	13.2	237.1	102.9	1.029

续表

实验序号	压块质量 m_0/g	小车质量 m/kg	转动半径 r/m	转10周的时间 t/s	电子秤示数 M/g	质量差值 Δm/g	向心力 F/N
4	340.0	0.210	0.300	13.2	204.8	135.2	1.352
5	340.0	0.260	0.300	13.2	172.7	167.3	1.673
6	340.0	0.310	0.300	13.2	140.6	199.4	1.994

表 2-8-2

实验序号	压块质量 m_0/g	小车质量 m/kg	转动半径 r/m	转10周的时间 t/s	电子秤示数 M/g	质量差值 Δm/g	向心力 F/N
1	340.0	0.210	0.403	13.2	158.3	181.7	1.817
2	340.0	0.210	0.362	13.2	176.8	163.2	1.632
3	340.0	0.210	0.314	13.2	198.4	141.6	1.416
4	340.0	0.210	0.267	13.2	219.6	120.4	1.204
5	340.0	0.210	0.198	13.2	250.7	89.3	0.893
6	340.0	0.210	0.145	13.2	274.6	65.4	0.654

表 2-8-3

实验序号	压块质量 m_0/g	小车质量 m/kg	转动半径 r/m	10周时间 t/s	电子秤示数 M/g	ω/rad·s^{-1}	ω^2/rad^2·s^{-2}	差值 Δm/g	向心力 F/N
1	340.0	0.110	0.300	40.3	332.6	1.57	2.465	7.4	0.074
2	340.0	0.110	0.300	35.1	330.3	1.79	3.204	9.7	0.097
3	340.0	0.110	0.300	29.8	326.9	2.09	4.368	13.1	0.131
4	340.0	0.110	0.300	25.2	321.1	2.51	6.300	18.9	0.189
5	340.0	0.110	0.300	19.9	310.4	3.14	9.860	29.6	0.296
6	340.0	0.110	0.300	15.1	287.6	4.18	17.472	52.4	0.524
7	340.0	0.110	0.300	10.5	224.7	5.98	35.760	115.3	1.153

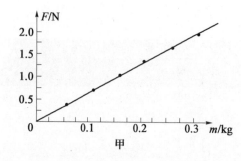

甲

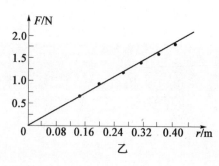

乙

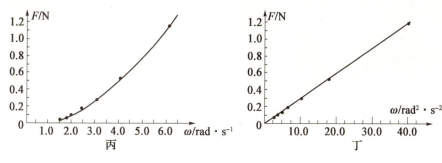

图 2-8-7

分析图像可知，物体做匀速圆周运动时所受向心力 F 的大小，与物体的质量 m 成正比，与转动半径 r 成正比，与角速度的平方 ω^2 成正比，并得出计算向心力的公式 $F=mr\omega^2$。

 思维营

逻 辑 思 维

上述对向心力影响因素的探究过程，隐含着抽象与概括、分析与综合、推理与判断等最基本的思维方法，这就是逻辑思维。它是人们运用概念、判断、推理等思维类型反映事物本质与规律的认识过程。其特点是以抽象的概念、判断和推理作为思维的基本形式，以分析、综合、比较、抽象、概括和具体化作为思维的基本过程，从而揭露事物的本质特征和规律性联系。

定量探究向心力影响因素的过程展示了逻辑思维的风采。①分析实验室提供向心力实验仪的不足。②综合概括该仪器只能定性研究，不能定量探究。③与初中教师制作的"摩擦力探究仪"进行比较。④抽象、概括并具体化设计向心力探究仪。⑤用它来实验测量、记录数据、画成图像。⑥得出结论：做匀速圆周运动物体所受向心力 F 的大小，与物体的质量 m 成正比，与转动半径 r 成正比，与角速度的平方 ω^2 成正比。⑦抽象成公式 $F=kmr\omega^2$。⑧将表中相关数据代入该式，计算出 $k\approx 0.95$，且接近 1。⑨分析其原因是由于钩码箱的摩擦力不能忽略以及其他测量数据的误差所致。⑩推理得 $F=mr\omega^2 (k=1)$。

演练场

小试牛刀

请你模仿向心力公式 $F=mr\omega^2$ 得出的思维过程,以表 2-7-2 中的数据为例,还原出摩擦力探究仪的设计和公式 $f=\mu F$ 得出的思维过程。将答案书写在方框中,并按下列要求自我评价:

说出用来定量探究摩擦力影响因素的图 2-8-8 所示装置不足的给合格,还原出摩擦力探究仪的设计思路的给优秀,说出其结构特点的给铜牌,说出公式 $f=\mu F$ 中 μ 的物理意义的给银牌,得出公式 $f=\mu F$ 推理过程的给金牌。(请及时将等次记录在本书末页的表中)

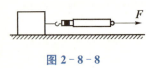

图 2-8-8

展示台

安培力探究仪

韦子洵同学受向心力探究仪的启发,发现物理教材和学校实验室提供的如图 2-8-9 所示装置不能定量探究安培力的影响因素。于是他设计了安培力探究仪,其设计原理如图 2-8-10 所示。该发明已获国家专利,专利号为 ZL201220744176.4,还获国际发明展览会金奖,其实物照片和相关证书如图 2-8-11 所示。

 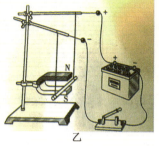 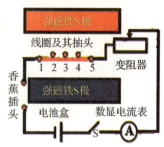

图 2-8-9　　　　　　　　　　　图 2-8-10

他用 2 个体积小、磁性强的强磁铁代替 3 个体积大、磁性弱的 U 形磁铁，用体积小精度高的数显电流表代替体积大精度低的安培表，用匝数多、长度大的线圈代替直导线，用测角器（包括角度盘、放大镜和指针）来测量电流与磁场间的夹角，并用放大镜将刻度线放大，还用精度高的电子秤来测量微弱的安培力。

其实物、获奖证书和专利证书如图 2-8-11 所示。

 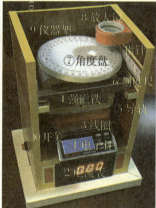 

图 2-8-11

1. 主要结构

主要包括电子秤、电流表、线圈、强磁铁、导轨、刻度尺、角度盘、放大镜、仪器架、开关，还有电池盒、滑动变阻器、电源插座板、线圈插座板和香蕉插头。

2. 创新思路

（1）安培力大小的测量与方向判断：由于安培力的测量值非常小，在 10^{-3} N 的数量级，弹簧测力计的精度不能满足定量探究的需要。为此改用精度为 0.01 g 的电子秤，转化为测力计，只要将质量的单位 g 换算为力的单位 N，读数时，将显示屏上的示数乘一个系数 10^{-2} 即可。此时测力计的精度为 0.000 1 N。用其示数的正与负判断安培力的方向。示数为正，表示安培力的方向向下，示数为负，表示安培力的方向向上。

(2) 电流大小的测量及其改变方法:用精度为 0.01 A 的数显电流表来测量电流的大小。改变电流的方法有两种,一是电池盒内有 4 节 5 号干电池,改变接入电路中的电池节数,可分别获得 1.5 V、3 V、4.5 V、6 V 这四组不同的电压,能方便地改变四次电流。二是移动滑动变阻器的滑片来改变电流。考虑在改变线圈匝数时,其电阻会发生改变,滑动变阻器还能确保通电导线中的电流不变。香蕉插头用来外接线圈与电池二个插座板中的插孔,方便地改变电压和线圈匝数。

(3) 导线长度的测量及其改变方法:由于一根通电直导线上获得的安培力很小,测量误差较大,所以自制了带有抽头的矩形线圈作为通电导线。其在磁场中的长度为矩形的长边 L_0 与其匝数 n 的乘积。五个抽头可获得四组不同的匝数,分别为 100 匝、150 匝、200 匝、250 匝,矩形线圈的有效长度设计为 0.08 m,通电导线在磁场中可方便地获得 8 m、12 m、16 m、20 m 这四个不同的有效长度。

(4) 匀强磁场的获取及其改变方法:由于蹄形磁体的磁场宽度较小,体积较大,磁场强度又不好改变,还很笨重。所以用两个长 10 cm、高 1 cm、厚 1 cm 的钕铁硼强磁铁代替。既可获得 10 cm 宽的匀强磁场,又能减小仪器的体积和自重,便于携带,还能方便地通过改变磁铁间的距离来改变磁感应强度。其方法是:前后两个强磁铁,能在左右两个导轨上前后移动,左右两根长度相同的隔木条能将前后两个强磁铁隔开一定的距离,隔木条的长度加上强磁铁的厚度就是磁极间的距离,如图 2-8-12 所示。四组隔木条的长度分别为 3、4、5、7 cm,加上强磁铁的厚度 1 cm,磁极间的距离 L 可调节为 4 cm、5 cm、6 cm、8 cm 这四个数据。

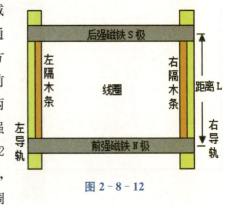

图 2-8-12

(5) 电流与磁场间夹角的测量及其改变:用自制的测角器测量电流与磁场间的夹角,它包括角度盘、放大镜和指针三个部分。角度盘固定在矩形线圈的上表面,其 90° 的位置始终与通电导线的位置一致,并与矩形线圈共同绕固定在电子秤盘上的转轴旋转。固定在仪器支架上的指针能指向测角器旋转后的刻度,并通过与指针固定在一起的放大镜能直接清晰地显示出电流与磁场间的夹角 θ。

3. 创新特点

(1) 精度高:用电子秤测安培力的大小,精度高达 0.000 1 N。用数显电流表测电流的大小,精度可达 0.01 A。用测角器和放大镜的协作配合,能高清晰地显示电流与磁场方向之间的夹角,精度可达 1°。

(2) 功能多:既可做定量探究安培力影响因素、得出安培力计算公式和左手定则的探究性实验和验证性实验,也能直接测质量、力、电流,又能间接测磁感应强度、线圈电感等物理量,还能用电子秤显示屏示数的正负判断安培力的方向。

(3)操作易:用香蕉插头方便地改变电池节数和线圈的抽头;强磁铁可在仪器架的导轨上方便地滑动,通过改变磁极间的距离来改变磁场的强弱测角器固定在线圈架上,线圈能绕固定在电子秤秤盘上的转动轴任意旋转,指针又固定在仪器架上,可方便地直接测出电流与磁场方向之间的夹角,放大镜使刻度线清晰显示。

(4)体积小:用两个钕铁硼强磁铁来代替三个蹄形磁铁,体积和自重大大减小;用四节5号的电池盒代替学生电源,体积和自重也大大减小;用数显电流表代替实验室的电流表,体积也减小许多;再加上电子秤、自制的线圈、测角器、仪器架等与上述器材的规格基本一致,使体积小于 4 dm³,总质量小于 1 kg,便于随身携带。

第九节 小中见大

小故事

自动关窗装置

俗话说,天有不测风云,在日常生活中经常会碰到突然下雨,而家中又无人关窗,待人赶回家中时,屋内已被打湿的情况。冷宏骏同学针对这种情况,设计了一套下雨自动关窗装置,解决了这种问题。有了这个装置,在突然下雨时,窗子会自动关闭,天晴后,窗子又会自动打开。该装置的发明,吸引了《扬州日报》记者的关注,并以"小小'爱迪生'发明真的崭"为题,在扬州日报2017年5月17日的B1版进行了报道,如图2-9-1所示。

该装置主要由雨水传感器、晶体管放大电路、关窗执行机构和手动复位(开窗)

图 2-9-1

控制电路等几个部分组成。"要想把下雨的信号转化为电量信息,首先碰到了雨水传感器的制作问题。因此,他考虑到雨水有一定的导电的能力,在两个导体之间留有小的间隙。"冷宏骏告诉记者,如果有雨水滴入,两个导体之间的电阻会变小,通过的电流会变大,将此变化量送入放大器,经放大后去带动电机来启动关窗机构,就能实现下雨自动关窗。该发明荣获扬州市青少年科技创新市长奖、国际发明展览会金奖和江苏省青少年科技创新大赛二等奖,如图2-9-2所示。

图 2-9-2

点金石

小 中 见 大

冷宏骏同学发明的"下雨自动关窗装置"的核心元件是雨水传感器,如图2-9-3所示。其关键在于将两个导体之间留有的小间隙看成是一个变阻器,能改变放大电路的输入电流,可实现下雨自动关窗。他借用成语"小中见大"将其命名为发明技法。这里的小中见大,则是指从小处可以看出大的问题或道理。

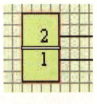

图 2-9-3

1. 雨水传感器

要想把下雨的信号转化为电量信息,首先得解决雨水传感器的制作问题。其关键是在两个导体1、2之间留有小小的间隙,该间隙就成了一个天然的电阻。如有雨水滴入,1、2间的电阻会变小,通过的电流会变大,将此变化量送入放大器,经放大后去带动电机来启动关窗机构,就能实现下雨自动关窗。

经过实验,在干燥的状态下,1、2两端的电阻大于 $1\ M\Omega$,一旦有雨水(实验时用的是自来水)滴入1、2之间的电阻值即变为 $50\ k\Omega$ 左右。干湿之间虽然有十倍以上的差别,但是此电流变化还是太微弱了,不足以带动电动机来关窗,因此,还需要将这一变化量再次进行放大。

2. 放大器电路

由于雨水传感器是自制的,找不到相对应的放大器成品,所以就要专门为它设计配套的放大器电路,负载是直流电动机,末级放大电路可以工作在开关状态,这样能使电路控制更加稳定可靠,根据计算和电路调试的结果,决定采用三只 S9013 晶体三极管及其他元器件一起组成了一个晶体管放大电路,如图 2-9-4 所示。

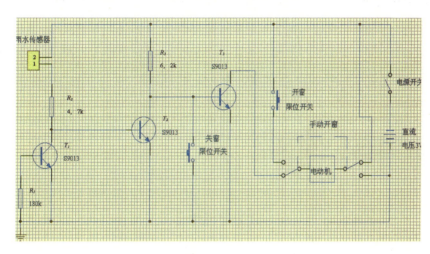

图 2-9-4

其工作原理是:雨水传感器在干燥的状态下晶体管 T_1 的 I_c 很小,近于截止状态 T_1 的 c 极为高电位,T_2 的 b 极经 R_3 注入电流,使 T_2 处于饱和状态,T_2 的 c 极为低电位,T_3 的 I_b 接近 0 为截止状态,电动机不转,关窗机构无动作。适当调节 R_2,R_3,R_4 可提高控制的可靠性。

下雨时雨水滴入 1、2 之间,电阻变小,T_1 的 I_b 增大,T_1 进入饱和状态 T_1 的 c 极电位变低,T_2 由饱和转为截止,T_3 的 I_c 变大近于饱和,电动机转动,关窗机构动作开始关闭窗户。等到窗户关到一定位置时,关窗限位开关闭合,T_3 的 b 极电位为 0,T_3 截止,电动机停止转动,关窗动作完成。

天晴后,雨水传感器上水滴蒸发,1、2 两端电阻回复为高阻值,(实验时可以人为擦干传感器上的水滴)。此时,按动开窗按钮,窗户打开,窗户开到位时开窗限位开关打开,切断电动机电源,电机停止动作,开窗完毕。

3. 演示模型

为了验证设计方案的可行性,他制作了一个供演示用的模型,如图 2-9-1 所示。窗户采用硬纸板制作。关窗机构采用了报废的光盘驱动器的部分零件组成。雨水传感器:采用了印制板改制。晶体管放大电路:自行装配和调试。经反复调试,结果基本能够满足需求。放大器工作原理如表 2-9-1 所示。其电压值系采用 MF30 型万用表所测。

表 2-9-1

晶体管电极 电压 U/V	T_1			T_2			T_3		
	e	b	c	e	b	c	e	b	c
干燥时电压	0	0	0.7	0	0.7	0	0	0	3
湿润时电压	0	0.7	0.1	0	0.1	0.7	0	0.7	0.7

为了演示方便，本装置使用了二节干电池供电，在实际运用中，由于要采用更大的电动机来拖动窗户，关窗执行机构做相应的改动，例如：为了加大行程，齿条要改成用绳索牵引，电源最好采用市电，放大器也要做相应的改动。

工具箱

创造性思维

下雨自动关窗装置的设计，表现为打破惯常解决问题的程序，这就是小中见大和无中生有。从小处（间隙）可以看出大的道理（电流的变化），在两个导体之间的小间隙（无）中生出一个变阻器（有）来。并通过重新组合感觉体验，探索规律，得出新成果（下雨自动关窗装置）的思维过程，即创造性思维。它是一种新颖而有价值、有高度机动性和坚持性、能清楚地勾画和解决问题的思维活动。

冷宏骏同学的设计，显然是新颖而有价值的（自动关窗），其机动性和坚持性在于"间隙"的科学利用，在于他克服多次失败，终于在上述的无中生有中找到了发明的希望，并清楚地勾画出解决问题的方法：创造性地将导体之间的间隙视为变阻器，在雨水滴入间隙时，其电阻会变小，通过的电流会变大，将此变化量送入放大器，经放大后去带动电机来启动关窗机构，就能实现下雨自动关窗。

创造性思维是衡量一个人智力发展水平的重要标志。恩格斯有这样一句名言："地球上最美的花朵便是思维。"创造性思维则是人脑中最绚丽的花朵，其源于创造力。而创造力又来自于人的大脑，大脑不仅是储存知识的宝库，更是智慧的源泉。

例如，某学生一反史学界对方伯谦临阵脱逃、最终伏法的定论，认为"方案"纯属冤狱，并通过旁征博引，自圆其说，得出"重新认识甲午战争中的方伯谦"这一观念。该过程实际就是由心智到实践，最终演绎出创造性思维的过程。

第二章 技法解密

演练场

小试牛刀

请你根据创造性思维的特点——"它是一种新颖而有价值、有高度机动性和坚持性、能清楚地勾画和解决问题的思维活动"来还原爱迪生发明电灯的思维过程。将答案书写在方框中,并按下列要求自我评价。

写出新颖性的给合格,写出有价值的给优秀,在此基础上写出机动性的给铜牌,坚持性的给银牌,能清楚地勾画和解决问题的给金牌。(请及时将等次记录在本书末页的表中)

展示台

太极八卦电路棋

孙雨萌同学将古典的文化瑰宝"太极八卦"、现代的时尚元素"电子灯箱"与民间的娱乐活动"棋类推演"巧妙结合,发明了太极八卦电路棋,印证了"小中见大"发明技法的内涵。尤其是"太极"二字,是孔子根据伏羲的阴阳内涵提炼出来的,深含至极之理。

109

"其大无外,其小无内",是宇宙万物共同的基因。说其大无外,即大到没有外面,那就是整个宇宙,其至极之理就是"相对论";说其小无内,即小到没有里面,那就是微观世界,其至极之理就是"量子力学"。即太极、八卦是将古代经典与现代文明融为一体的最佳载体。该棋的设计就是以电路为媒介,使之成为时尚的娱乐工具。其实物照片如图2-9-5所示。

1. 灯光棋盘

分面板和底板两部分,供红蓝两方对弈。

（1）面板

红方按伏羲先天八卦图运行,蓝方按文王后天八卦图运行,如图2-9-6所示。

图 2 - 9 - 5

红蓝双方的面板上各有9个圆孔和4个方孔,分别作为太极子、八卦子和四象子的落棋定位孔。1个太极子为红蓝双方共有,它与各方的8个八卦子(红方为"乾、坤、震、巽、坎、艮、离、兑",蓝方为"天、地、雷、风、水、山、火、泽")都落在圆孔中,4个四象子(红方为"春、夏、秋、冬",蓝方为"晨、午、昏、夜")都落在方孔中。

每方的中央有电动机控制的太极盘,盘上有太极图,可以转动,外围有灯光控制的8个八卦符,内有代表各卦色彩的红、绿、蓝、品红、黄、青、白、黑这8盏方形的LED灯箱,其面板的实物照片如图2-9-5所示。

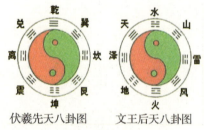

伏羲先天八卦图　　文王后天八卦图

图 2 - 9 - 6

（2）底板

底板上有16个LED灯和2个电动机组成的电路及其传动装置。其正面设计有16个LED灯头,26对用图钉组成的开关,电路的连接和电池盒等都设计在底板的反面,操作十分方便。其实物照片如图2-9-7所示。

灯箱设计在方形的八卦符内,每个灯箱内安装一个共阴极、红绿蓝三彩、四脚的LED灯珠,如图2-9-8所示。一脚为阴极,其余三脚为该LED灯的红、绿、蓝三色的阳极,其内部连接电路如图2-9-9所示。它与八卦符中的3个爻相对应,图中象征"天、人、地"三才的3个开关的闭合与断开,在底板接线时已完成。图中的棋子开关用来控制该LED灯是否发光。总开关设计在面板上,供红蓝双方合用。面板和底板用螺钉连接一体,并安放在棋盘盒内。

第二章　技法解密

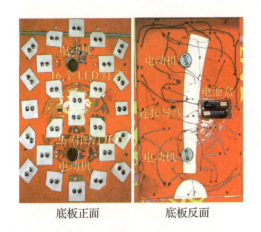
底板正面　　　底板反面

图 2-9-7

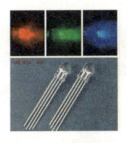

图 2-9-8

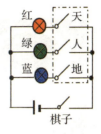

图 2-9-9

2. 磁性棋子

本棋设计 25 枚有磁性的棋子。其中 1 枚圆形的太极子，供双方共用。每方各有 4 枚方形的四象子和 8 枚为圆形的八卦子。红方的八卦子以八卦的名称作为棋名，分别是：乾、坤、震、巽、坎、艮、离、兑；蓝方的八卦子以自然的八种现象为棋名，它们分别是：天、地、雷、风、水、山、火、泽。红方的四象子以代表一年的"春、夏、秋、冬"四季来命名，蓝方的四象子以代表一日的"晨、午、昏、夜"四个时间段来命名，实物照片如图 2-9-10 所示。

图 2-9-10

每枚棋子相当于一个开关，可控制各方的 8 个灯箱和 1 个电动机。每个棋子的内部有一个强磁体，能确保该棋子与棋盘中圆孔或方孔中的图钉开关充分接触，使电路导通。棋子用废旧的象棋改制而成。正面粘贴棋名，如"乾"或"晨"。

每枚棋子的内部有铁螺丝将强磁体固定在废旧象棋的底部，外部用塑料管将铁螺丝和强磁体围住，塑料管用装饰纸和硬币封住，作为插管，如图 2-9-11 所示。下棋时，只要将棋子的插管插入棋盘面板中的圆孔或方孔中，利用强磁体的吸铁性，棋子底部的硬币将棋盘底板中的图钉开关牢牢吸住，使对应电路导通，LED 灯亮或电动机转动。最后将 25 枚棋子安放在有定位孔的棋子盒内，其实物照片如图 2-9-12 所示。

111

图 2-9-11

图 2-9-12

3. 下棋规则

三局二胜制。前两局蓝方、红方对调，第三局抓阄，蓝方先出棋，然后轮流出，不得悔棋。出错可以在下一次出棋时更正。判断标准：只要下一个或两个棋子后必须有灯箱亮。若不亮，说明棋下错，应该及时更正。每方先将各自的 8 枚八卦子和 4 枚四象子正确下到各自的圆孔或方孔中。由于 1 枚太极子是共有的，所以最先正确下完 8 枚八卦子和 4 枚四象子的才有主动权下太极子，但该棋子有两个圆孔可供其选择。若选正确，电动机转，太极盘上的两条阴阳鱼会慢慢地游动起来，该方就胜。若选错，使对方的电动机转，阴阳鱼游，则对方胜。若双方电动机都不转，待对方下好一子后，才可以将这枚太极子移动到另一个圆孔中，电动机才会转，太极图上的两条阴阳鱼才会慢慢地游动起来，该方才胜。

4. 下棋技巧

（1）由电路图判断落子顺序

虽然 8 个灯箱中的 LED 灯都是并联的，但开关却能控制落棋的先后。其内部电路如图 2-9-13 所示。

由红方电路图可知，"春"能控制"乾""兑""离""震"，"夏"能控制"巽""坎""艮""坤"。而且"乾"能控制"兑"，"兑"能控制"离"，"离"能控制"震"，"震"能控

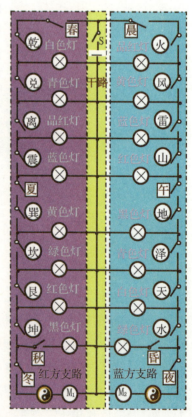

图 2-9-13

制"夏","巽"能控制"坎","坎"能控制"艮","艮"能控制"坤","坤"能控制"秋、冬","冬"能控制太极子。落子"乾",白色灯亮;落子"兑",青色灯亮;落子"离",品红灯亮;落子"震",蓝色灯亮;落子"巽",黄色灯亮;落子"坎",绿色灯亮;落子"艮",红色灯亮;落子"坤"和"秋",灯不亮(暗示黑色);落子"冬"和太极子,电动机转,阴阳鱼动。

由蓝方电路图可知,"晨"能控制"火""风""雷""山","午"能控制"地""泽""天""水"。而且"火"能控制"风","风"能控制"雷","雷"能控制"山","山"能控制"午","地"能控制"泽","泽"能控制"天","天"能控制"水","水"能控制"昏、夜"。"夜"能控制太极子。落子"火",品红灯亮;落子"风",黄色灯亮;落子"雷",蓝色灯亮;落子"山",红色灯亮;落子"地",灯不亮(暗示黑色);落子"泽",青色灯亮;落子"天",白色灯亮;落子"水"和"昏",绿色灯亮;落子"夜"和太极子,电动机转,阴阳鱼动。四象子在棋盘中的位置按"口"字形、顺时针方向布置,如图 2-9-14 甲(红方)、乙(蓝方)所示。

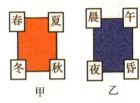

图 2-9-14

(2) 由八卦符确定八卦子

先由八卦符想象出代表自然现象的 8 枚八卦子的名称。三条连续的横线(☰)是天,其中的一根线断开,表示天在动。下面一根线断开(☴),表示天下面在动,那是风;中间一根线断开(☲),表示天的中间在动,那是火;上面一根线断开(☱),表示天的上面在动,那是泽(虽然天的上面在动看不到,但通过泽的水面反射可以看到)。三条断开的横线(☷)是地,其中的一根线连续,表示地在动。下面一根线连续(☳),表示地的下面在动,那是雷(雷震得地的下面在动);中间一根线连续(☵),表示地的中间在动,那是水;上面一根线连续(☶),表示地的上面在动,那是山。然后由上述代表的八种自然现象的"天、地、雷、风、水、山、火、泽",确定相对应的棋子"乾、坤、震、巽、坎、艮、离、兑"。

(3) 由符色彩确定八卦子

每个八卦符都由红、绿、蓝三种色彩的横线组成,每根横线代表 LED 灯内部的开关,横线连续代表开关闭合,横线断开表示开关断开,如图 2-9-15 所示。图 A 中三条线都断开,表示 LED 灯内部的三个开关都断开,LED 灯不发光而为黑色,对应的八卦子为"坤"或"地";图 B 中三条线都连续,表示 LED 灯内部的三个开关都闭合,LED 灯的

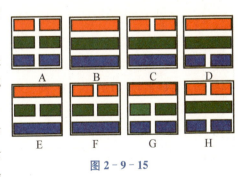

图 2-9-15

红、绿、蓝都发光,显白色,对应的八卦子为"乾"或"天";图 C 中只有红色的线断开,表示 LED 灯内部绿、蓝两个开关闭合,绿、蓝两灯发光,显青色,对应的八卦子为"兑"或"泽";图 D 中只有蓝色的线断开,表示 LED 灯内部红、绿两个开关闭合,红、绿两灯发

光,显黄色,对应的八卦子为"巽"或"风";图 E 中只有绿色的线断开,表示 LED 灯内部红、蓝两个开关闭合,红、蓝两灯发光,显品红色,对应的八卦子为"离"或"火";图 F 中只有蓝色的线连续,表示 LED 灯内部只有蓝开关闭合,蓝灯发光,显蓝色,对应的八卦子为"震"或"雷";图 G 中只有红色的线连续,表示 LED 灯内部只有红开关闭合,红灯发光,显红色,对应的八卦子为"艮"或"山";图 H 中只有绿色的线连续,表示 LED 灯内部只有绿开关闭合,绿灯发光,显绿色,对应的八卦子为"坎"或"水"。

(4) 由∽形判定落子路线

太极图中阴阳鱼的分界线是一条"∽"形的曲线。先天八卦棋以"∽"形线路按"乾一、兑二、离三、震四、巽五、坎六、艮七、坤八"的顺序,结合四象子和太极子,其落子先后顺序为:春、乾、兑、离、震、夏、巽、坎、艮、坤、秋、冬和太极子,它与图 2-9-16 甲中红方支路的开关布局一致。后天八卦棋仿照上述方法,按晨、火、风、雷、山、午、地、泽、天、水、昏、夜和太极子的顺序落子,它与图 2-9-16 乙中蓝方支路的开关布局一致。

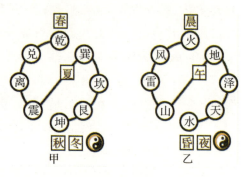

图 2-9-16

5. 创新要点

(1) 将古代经典文化与现代科技文明融于一体

太极、八卦是我国古代最经典的文化瑰宝之一,传说是由伏羲开创的。而太极图是后人根据伏羲的阴阳八卦画出来的。太极、八卦是将古代经典与现代文明融为一体的最佳载体,以电路为媒介,使之成为时尚的娱乐工具。

(2) 将阴与阳对应于电路中开关的断开或闭合

八卦的基本单位是爻,爻有阳、阴两类,以"—"为阳,以"--"为阴。它与电路中的通路与断路相对应。本棋就是将八卦符中的每个爻都设计成开关,用它来控制八个共阴极、红绿蓝三彩、四脚的 LED 灯珠显示不同色彩。

(3) 将八卦符中的三爻对应于 LED 灯内的三色

八卦符有三爻,分别代表天、地、人三才。外层为天,中层为人,内层为地。并用 LED 灯内部的"红、绿、蓝"与之对应,红对应天,绿对应人,蓝对应地。

(4) 将四象与一年的四季或一日的四时相对应

将阴阳两种符号"—""--"结合,就能生出四象。本棋将其与一年的春、夏、秋、冬四个季节,或一日的晨、午、昏、夜四个时段相对应。

(5) 将八卦与红绿蓝混合成的八种色彩相融合

八卦符犹如天、人、地三个开关,三个开关都闭合对应乾卦(☰),红绿蓝三灯都亮,

114

混合成白色光。三个开关都断开对应坤卦(☷),三灯都不发光,为黑色。开关"天"断开对应泽卦(☱),绿蓝两灯亮,混合成青色光。开关"人"断开对应火卦(☲),红蓝两灯亮,混合成品红色。开关"地"断开对应风卦(☴),红绿两灯亮,混合成黄色光。开关"人、地"断开对应山卦(☶),红灯亮。开关"天、地"断开对应水卦(☵),绿灯亮。开关"天、人"断开对应雷卦(☳),蓝灯亮。

本棋是以电路知识为载体,集"古典文化""现代文明"和"时尚娱乐"等元素于一体的智慧性休闲工具。该发明荣获国际发明展览会金奖、江苏省青少年科技创新大赛二等奖、扬州市青少年科技创新市长奖提名奖,如图 2-9-17 所示。

图 2-9-17

第十节　擦枪走火

小故事

智能提醒系统

路远同学在研究安全行车智能提醒装置的过程中,发现在城镇发生的交通事故中,渣土车、混凝土搅拌车、大货车和垃圾运输车等大型车辆所造成的危害是令人震惊的。这是源于大型车辆自身车体庞大,存在较大的视觉盲区和内轮差。于是她将研究的重点转移到如何减少这些大型车辆交通事故的发生率上来。

她想为大型车辆的安全行驶设计一个提醒系统,正巧与刚学物理的"超声波应用"擦出了灵感的火花。夜间活动的蝙蝠虽没有很好的视觉，但它具备敏锐的回声定位系统，利用超声波来辨别方向、探测目标。而大型车辆交通事故一般发生在前侧，如果将超声波探测器安装在车身的前右侧，当有车辆或行人接近时就及时让安装在机动车上的提醒装置闪烁灯光和语音提示，以提醒机动车驾驶员和行人注意；而当车辆接近路口时，车内的无线发射器自动通知路边的警示屏闪烁并发出语音提醒，以提醒非机动车辆及行人。她将这一发现迅速落实为行动，发明了大型车辆安全行驶智能提醒系统，如图 2-10-1 所示，荣获宋庆龄儿童发明奖金奖和扬州市青少年科技创新市长奖，如图 2-10-2 所示。

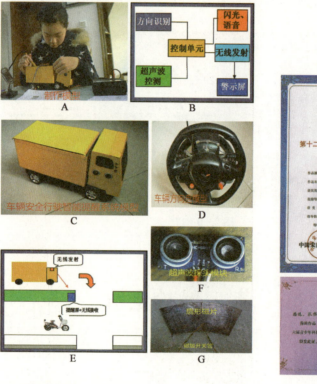

图 2-10-1

图 2-10-2

点金石

擦枪走火

大型车辆安全行驶智能提醒系统的发明，是路远同学在思考能否为大型车辆的安全行驶设计一个提醒系统之时，刚巧与正在学习的物理知识"超声波应用"擦出了灵感的火花,犹如"擦枪走火"那般。

擦枪走火原指在擦枪时发生的走火事件,如辛亥革命的爆发。它源自于一部分革命党人开着灯光、拿着枪支来擦拭把玩,遇到前来巡逻的教官,引起了双方的言语冲突,对骂之后也不知是哪方先开的枪,便引发了轰轰烈烈的武昌起义。而这次的"擦枪走火"事件,也就成了辛亥革命的导火线。

将"擦枪走火"命名为创造技法,其引申义为擦出灵感的火花,这就是发明创造的导火线。"擦枪"意在寻找问题,"走火"隐含解决问题的方法。擦枪与走火之间存在的"火花",就是"灵感"。爱迪生有过这样的名言:"天才是百分之99%的汗水和1%的灵感。"这1%的灵感虽然所占的比例很小,却有不可替代的作用。没有这1%,也许就不可能有最后的100%。

路远同学寻找的问题就是如何减少大型车辆因为自身车体庞大,存在较大的视觉盲区和内轮差而引发交通事故的不断发生,并将解决问题的重点转移到如何为大型车辆的安全行驶设计一个提醒系统。她正在冥思苦想、不得其解时,物理课上的"蝙蝠虽没有很好的视觉,但它具备敏锐的回声定位系统"触发了她的灵感,超声波就是解决问题的导火线。于是她从淘宝网选购了超声波传感器、扇形磁片、磁敏开关、无线发射器和方向盘遥控汽车模型,开始了她的发明之旅。图 2-10-1 中的图 A 是路远同学正在制作模型,图 B 是工作原理图,图 C 是模型照片,图 D 是车辆方向盘模型,图 E 是提醒系统原理图,图 F 超声波探头模块,图 G 是扇形磁片和磁敏开关。

她将超声波探测器线路进行了改进,使单片机单独供电,处于常通电状态,让已调试好的数据得以保存。针对一些驾驶员在汽车转弯时忘记开转向灯的问题,采用了扇形磁片和磁敏开关,制作了方向盘转向自动识别开关,如图 2-10-3 所示。接着在老师指导下,采用微型继电器设计制作了控制系统,如图 2-10-4 所示。

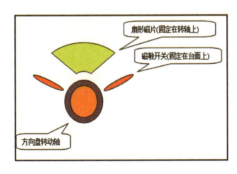

图 2-10-3

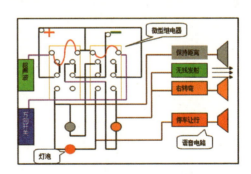

图 2-10-4

最后进行总装、调试和改进,并经过反复路演,终于获得了成功:车直行但在右(或左)侧一定范围内有车辆或行人,车上的警示器就会闪烁白光并发出"请与大型车辆保持距离,注意安全"提示语,让驾驶员和行人注意;当大型车向右(或向左)转弯,警示器会闪烁黄光并发出"车辆右转弯,请注意安全"提示语;当大型车向右(或向左)转弯,同时大型车右(或左)侧一定范围内有车辆或行人时,警示器会闪烁红光并发出"注意危险,请停车让行"的提示语。当大型汽车行驶到工地门口或岔路口时,车内的无线发射器就会通过无线信号通知安装在非机动车道边的警示屏闪光并发出语音提醒,以提醒路过的非机动车注意。

思维营

联 想 思 维

路远同学在为大型车辆的安全行驶设计提醒系统时,灵感将蝙蝠具备敏锐的回声定位系统与大型车辆安全行驶提醒系统联系起来,想到了利用超声波探测器、无线发射器和警示器等组成了提醒系统,及时提醒大型车辆和非机动车的驾驶员或行人注意行驶安全。这种思维方式称为联想思维,它是人脑记忆表象系统中,由于某种诱因导致不同表象之间发生联系的一种没有固定思维方向的自由思维活动。许多发明创造都来自于人们的联想,其思维方法主要有下列三种:

1. 接近联想

太阳能是最接近人们日常生活的一种清洁能源,容易受到发明人的青睐,将其联想起来。如美国人肯普是世界上第一个将热水器与太阳能联想起来的人,他于1891年发明了太阳能热水器,至今已有一百多年。现在太阳能热水器已进入千家万户,成为居民小区一道亮丽的风景,如图2-10-5所示。太阳能电池板给接近联想发明提供了更为广阔的思路,如夏劲松同学发明的特斯拉太阳能充电器以及市场上流行的太阳能手表、太阳能自行车、太阳能汽车等发明成果真是目不暇接。

图2-10-5

2. 类似联想

美国七年级的学生艾丹·德怀尔在树林里玩耍时,发现树枝和树叶的分布遵守一定规律,如图2-10-6所示。认为它一定与光合作用的效率有关,于是联想到斐波那契数列,并开始动手验证自己的猜想。为了探求其中的道理,他设计了一项颇有创意的实验,将按橡树分叉排列的太阳能电池板与传统的屋顶电池板阵列相比较,观察两者捕获阳光能力的差异。由于发现了树枝分叉的分布类似斐波

图 2-10-6

那契数列而发明了太阳能电池树,则是类似联想的结果。所谓类似联想,指的是从一个事物联想到与其类似的另外一个事物的思维方式。

我们先来观察这样的一列数:1、1、2、3、5、8、13、21、34……,你能否发现从第三项开始,每一项都等于前两项之和?这就是大家熟悉的著名的斐波那契数列。该数列越往后数越大,比值越来越接近黄金数 0.618034……。

其实大自然的很多领域都有斐波那契数列的影子。根据这个数列,艾丹对树木分枝现象进行了细致的观察并开始检测他的理论。于是他根据斐波那契数列动手制作了一个小型的太阳能电池树,并在特定的高度和间隔安装上了太阳能电池。普通的太阳能电池一般是成排成列摆放的,根据实验结果,按照斐波那契数列摆放的太阳能电池树产生的电能要多出 20%,且太阳能照射到它的时长要比普通阵列多出 2.5 个小时。但最有趣的结果却发生在 12 月,此时由于普通阵列产生的电能要比往常的少,因此太阳能电池树产生的电量要多出 50%,接受太阳照射的时间要也相应延长了 50%。即这种电池树产生的电能要比普通阵列的电池板多出 20% 至 50%。艾丹的这项发明可是在他 7 年级的时候创造的噢。

3. 对比联想

学生刘承旭经过仔细观察,发现太阳能热水器虽然具有节能、环保、使用安全等优点,但也给我们带来了一些烦恼:上水后,忘记关闭上水阀,导致漫水,造成财产损失和水源浪费,甚至是安全隐患。于是他从令人不快事情的反面入手,用令人愉快的音乐去联想,发明了"多功能无线太阳能热水器溢水音乐提示器",解决了漫水问题。这种思维方式称之为对比联想,就是由某一事物联想到与其相反特点的事物进行发明创造的思维方法。

他将溢水器放在太阳能下水管处,开始上水,然后离开卫生间去干你想干的事情,当水上满时,主机就会用响亮悦耳的音乐提醒你:主人,太阳能的水上满了,请关上上水阀吧!主机可以放在客厅或房间。由于是无线的,如果环境嘈杂,也可以随身携带。它还有以下功能:①电子门铃功能,只要在进户门装上遥控按钮,溢水器同时就是一个

无线门铃;②溢水器可以代替原先接水的塑料桶;③溢水器正放就是一个塑料凳,可以代替原先的塑料凳,卫生间就不需要专门放置一只用来洗衣服的塑料凳子了。该发明荣获江苏省青少年科技创新大赛二等奖,其实物照片和获奖证书如图2-10-7所示。

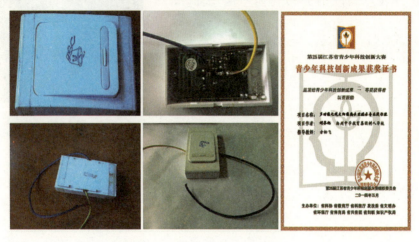

图2-10-7

演练场

小试牛刀

请你用联想思维的方法,观察你日常生活中最喜欢的用品,来一下"擦枪走火",设计一个小发明方案,并把该方案告诉你父母,征求他们的意见。将你的方案书写在方框中,并按下列要求自我评价:

你的发明方案虽然写出来了,但是你父母是摇头的,只能给合格。点头的给优秀,修改后能说出新颖在哪里的给铜牌,有实用价值的给银牌,最后确定的最佳方案能用示意图画出来,并写出说明书的给金牌。(请及时将等次记录在本书末页的表中)

展示台

双防渣土车

路远同学的发明是从安全行驶的角度为大型车辆设计,这里再介绍高静洋和周小智两位同学,其发明是从防扬尘和防超载的角度为渣土车和卡车设计的。

1. 主动式防扬尘全封闭渣土车(图2-10-8所示)

高静洋通过调查,发现扬州市运营的渣土车基本都安装了两扇侧开式盖板,这种盖板在开关操作方式上不外乎两种方式:液压连杆操作和纯手动操作。盖板有没有盖好,驾驶员说了不算,应该让点火系统电路控制说了才算。

他在盖板与车厢本体接触面上安装位置开关(图2-10-8甲所示),当盖板与车厢本体紧密接触,位置开关检测到信号并通过电缆传送给车辆点火系统,允许车辆发动。相反,如果盖板未盖好,位置开关检测不到信号,将断开点火系统电路,达到禁止启动车辆的目的,同时发声光报警提醒驾驶员注意。在安装有GPS功能的车辆管理系统中,车辆任何不安全情况均可以远传到信息终端,作为车辆考核依据。

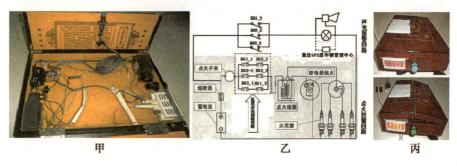

图2-10-8

他重点设计两个回路:其一是点火闭锁回路。设计基本原则:车厢盖板严密关闭的情况下,点火电路强制切断,在图2-10-8丙所示的模型中,绿色指示灯亮代表车辆点火系统激活(上图所示);反之绿色指示灯不亮代表车辆点火电路被切断(下图所示);从而实现了主动预防超载的目的。其二是声光报警回路,设计基本原则:车厢盖板至少有一处未盖严密的情况下,电路接通触发"车厢未关紧"光字牌报警同时发出报警声音,提醒驾驶员注意。

他还认真把握两个关键点:其一是位置开关的选型问题,常见的位置开关有两种:

一类为以机械行程直接接触驱动的行程开关;另一类为以电磁信号(非接触式)作为输入动作信号的接近开关。在选型时,考虑两种开关结合使用,可以有效防止车主可能存在的作弊手段。两个盖板结合面处选用一个电磁接近开关 KG_1;而两个盖板与箱体之间采用接触式行程开关 KG_2、KG_3。同时考虑到露天恶劣环境,需选用防护等级高的开关,保证可靠性;其二,回路设计的可靠性。点火闭锁回路(图 2-10-8 乙所示)由于涉及车辆的安全性,对可靠性要求非常高,在实际模型制作过程中,考虑到在逻辑电路中,3 取 2 是开关量信号最科学最合理的表决方式,这种方式有效实现"既防拒动、又防误动"。按排列组合数学原理,三个位置开关有三种组合:分别为 1—2,1—3,2—3。在电路接线时,将三个组合串联后再并联,就实现了基本的 3 取 2 逻辑电路。当然,在数字电路和自动控制高度发达的今天,3 取 2 逻辑已经能轻而易举地通过单片机或者控制模块来实现,从而可以大大减少电缆使用量,也简化了控制回路。

该发明荣获国际发明展览会金奖和宋庆龄儿童发明奖银奖,如图 2-10-9 所示。

图 2-10-9

2. 自动识别道路承载能力的卡车智能控制系统(图 2-10-10 所示)

周小智通过调查发现超载是诱发交通事故的主要因素,他还了解到日常生活中的桥梁、道路都有承载能力限制,并在醒目位置安装了标识牌,提醒司机选择正确的行驶路线。其实,虽然有了标识牌,但有的因为标牌设置位置不合理不容易察觉;有时同一条道路上不同的路段或桥梁的承载能力也不相同;有的情况下车辆自身符合载重要求,但行驶的道路、桥梁不能承受车辆通过。这些复杂的场景全部依赖于汽车司机主动识别判断,稍有失误就会直接造成事故,或者给桥梁等设施带来伤害,形成安全隐患。

现有最常见的解决超载问题的设施为超限货车检测 80T 超载检测仪,然而这种检测仪只能在重要路段进行铺设,效率比较低,影响交通和运输,且成本过高。

周小智的想法是运用现有成熟的压力感应装置,即一种将受到压力变化转换为电信号或电器元件特性变化的感应器,使得对汽车重量的检测可以实时进行,同时通过电路连接可以直接控制汽车的行驶状态。他的发明模型主要包括电动卡车、压力传感器、智能开关和射频识别装置等,其实物照片如图 2-10-10 所示。

图 2-10-10

他利用压力传感器,实时检测货车承载重量,通过控制器发送信号提醒或控制货车按规范行驶,并在路识标牌上加装电子标签装置,在汽车上装载射频识别装置,汽车通过相关路段前自动识别扫描,将获取到的电子标签数据与压力感应器收集到的汽车载重信息进行对比,符合条件通过,不符合条件的给予警示直至强行减速停车,保证交通安全。图 2-10-11 是周小智同学在调试模型时拍摄的照片和荣获江苏省青少年科技创新大赛二等奖的证书及其决赛时的展板图片。

图 2-10-11

第三章 成果鉴定

第一节 查新报告

小故事

无线充电器

第二章第五节介绍了夏劲松同学发明特斯拉无线太阳能充电器的故事。其实在该发明前,他先用家里已有的相关器件,组装了一个无线充电器,参加树人学校举办的第二届创造力大赛。评委老师对其作品的创新性提出了质疑,建议他网上进行查新。只要输入"无线充电器"这五个字,进行搜索,果然跳出许多可在网上邮购的无线充电器,其结构基本相仿。如手机等设备只要贴上接收线圈,放置在"鼠标垫"上的任一位置都可充电,不像以前的一些技术那样需要精确定位。几个设备同时放在垫子上,可以同时进行充电。充电器产生的磁场很弱,能够给设备充电但不会影响附近的信用卡、录像带等利用磁性记录数据的物品。老师以手机市场的不断更新为例,鼓励他可在此基础上继续进行创新,应用"加一加"的发明技法,可形成新的技术方案,并相信他一定能发明出新的无线充电器来。

于是他把太阳能充电技术和无线充电技术融合,应用于玩具电动汽车,取得了成功。并从降低电能损耗的思路

图 3-1-1

来提升对无线充电技术的认识，升华为自己的发明梦想。在第 13 届中国创造力大赛的决赛中荣获发明作品和“我的发明梦想”演讲比赛的两个金奖，如图 3－1－1 所示。

点金石

查新报告

上述故事告诉我们，要搞发明创造，必须进行查新，避免走弯路，甚至劳而无功。要写成报告，供审查机构或评委做出新颖性判断。

对发明创造或课题研究的相关成果，在查新的基础上撰写的报告，称之为查新报告。它是根据查新项目的查新点与所查数据库等范围内的文献信息进行比较分析，对查新点做出新颖性判别，以书面形式撰写的客观、公正性的技术文件。其目的是为科研立项、成果评价、发明鉴定、奖励申报、专利申请等提供客观的文献依据。

工具箱

撰写内容

现以江苏省青少年科技创新大赛创新项目申报为例，对查新报告的撰写要求做一介绍。

封面是对报告撰写的缩影，主要包括：

项目名称；

项目作者；

查新完成日期；

申报者本人的查新声明(签字)；

学校的查新证明(盖章)。

具体内容的撰写都是图 3－1－2 所示封面内容的具体化，供撰写时参考。

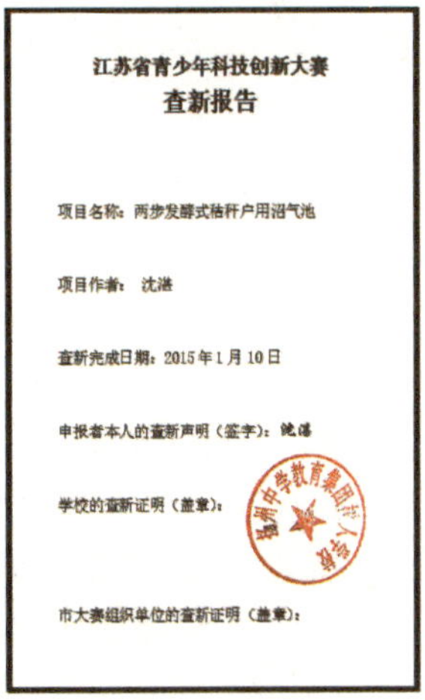

江苏省青少年科技创新大赛

查新报告

项目名称：两步发酵式秸秆户用沼气池

项目作者：沈潞

查新完成日期：2015 年 1 月 10 日

申报者本人的查新声明（签字）：

学校的查新证明（盖章）：

市大赛组织单位的查新证明（盖章）：

图 3－1－2

一、查新目的

申报第26届江苏省青少年科技创新大赛

二、查新项目的创新要点

根据沼气发酵理论,在不改变常规水压式户用沼气池主体结构的基础上,增加一个2立方米的秸秆水解酸化池,将不需要严格厌氧环境的水解酸化阶段与需要严格厌氧环境的产甲烷阶段分离,实现两步发酵。技术特点:一是改造容易,投资成本低,技术难度小;二是管理方便,秸秆池相当于发酵原料暂存池,需要时打开阀门放入秸秆液即可,方便了日常管理;三是产气快,放入秸秆液的第二天即可用气。该项目解决了原池型以秸秆为发酵原料出现的进出料难和产气量偏低等问题,减轻了农户日常管理难度,实现了秸秆的就地转化和高效利用,有利于解决秸秆焚烧和雾霾影响。

三、查新点

将上述的创新要点浓缩成便于搜索的核心要点:秸秆经地面水解酸化池酸化预处理,再入沼气池发酵产甲烷的两步式用户沼气模式。

四、文献检索范围及检索策略

查证国内有无与该查新项目相同和类似的文献报道

文献检索范围(国内数据库):

范例:查新使用的数据库:中国学术期刊网,万方数据资源系统,中国专利信息网,维普科技期刊文摘索引,PQDD-B博硕士论文文摘库。

注:条件较差的地区可使用百度等搜索引擎进行相关检索

检索词及检索策略:

检索词:1. 沼气池 2. 秸秆 3. 酸化 4. 发酵

检索式:沼气池 and 秸秆 and 酸化 and 发酵

五、检索结果

依据上述文献检索范围和检索策略,共检索相关文献8篇。

1. 泗阳县新能源服务站. 农村用高效环保秸秆沼气池:中国,CN201220264290.7[P]. 2013-1-30.

2. 泗阳县新能源服务站. 农村用高效环保秸秆沼气池:中国,

CN201210184402.2[P]. 2012-10-3.

3. 杭州市人民政府农村能源办公室. 基于秸秆水解酸化和厌氧发酵生物气化的集中供气系统：中国，CN201120487967.9[P]. 2012-11-21.

4. 王聪叶. 生物质酸化处理产沼气装置：中国，CN201320280986.3[P]．2013-10-9.

5. 沈阳大学. 户用沼气系统：中国，CN201310635428.9[P]. 2014-3-12.

6. 刘梦奇. 一种利用完熟期玉米秸秆高效厌氧发酵产沼气的装置：中国，CN201320295812.4[P]. 2013-11-31.

7. 沈龙辉. 一种沼气池：中国，CN200720063440.7[P]. 2008-6-25.

8. 东南大学. 一种两相厌氧发酵产沼气方法：中国，CN201410077904.4[P]. 2014-5-28.

文献1和2公开了一种农村用高效环保秸秆沼气池，包括池体、进料池和出料池，池体两侧分别装有进料池和出料池，所述池体上部分为酸化池，池体下部分为与酸化池隔开的发酵池，发酵池的出气口伸出酸化池且与酸化池的池口平齐。发酵池两侧分别连接出料池和进料池，酸化池的底部一侧设有第一出料口，第一出料口连接第一真空泵，第一真空泵上端装有第二出料口，第二出料口与进料池连通，本发明将整个池体分为上下部分，上部分为酸化池，下部分为发酵池，实现固液分离，酸化和发酵分离。

文献3公开了一种基于秸秆水解酸化和厌氧发酵生物气化的集中供气系统，其特征在于：包括粉碎秸秆的粉碎机，堆沤发酵秸秆粉碎后的水解酸化池，与水解酸化池连接、通过厌氧微生物的分解作用产生沼气和沼液的厌氧发酵池，以及存储沼液的沼液贮存池；所述的水解酸化池与厌氧发酵池之间通过回流管道连通，所述的回流管道中设有回流泵；所述的厌氧发酵池设有输出沼气的输气管道。

文献4公开了一种生物质酸化处理产沼气装置，尤其是将秸秆进行酸化处理后再进行发酵产沼气的装置。它在装置内部具有隔板，隔板一侧为预处理装置，预处理装置的上部加装进料口，进料口下部加装酸化处理装置，在预处理装置下部加装排料口，另一侧为发酵装置，其内部加装搅拌装置，搅拌装置的转轴与装置上端连接，转轴的下端安装搅拌桨，反应器中部安装隔离板，搅拌装置的转轴穿过隔离板。

文献5公开了一种户用沼气系统，包括秸秆粉碎机、水解罐、发生罐、抽料混输泵、排渣管路与阀门、沼气管路、自动燃气锅炉、热水管路和沼渣车，所述的水解罐包括上盖和罐体，罐体内部分成6个水解池；所述的发生罐为一密闭罐体，包括罐体、罐盖、酸化池、驱动装置、发酵池、进出料装置、加热器和保温层。

文献6公开了一种利用完熟期玉米秸秆高效厌氧发酵产沼气的装置，其特征在于:包括青贮发酵池、匀浆池、水解酸化池和厌氧发酵罐,青贮发酵池通过传送带与匀浆池连接,匀浆池通过A输送管道与水解酸化池连接,水解酸化池通过B输送管道与厌氧发酵罐连接。

文献7公开了一种沼气池,由玻璃钢球形薄壳结构的发酵间和水压酸化池组成;发酵间上设有进料装置和出料装置,顶部设有入孔、出气孔、入孔盖;进料装置和出料装置的底部分别有进料管和出料管伸入发酵间内腔,上部均设有安全盖;进料装置和出料装置分别通过设有单向阀的连通管与水压酸化池相连,其中出料装置的上部设有溢流管;水压酸化池由带过滤孔的隔板分隔成水解酸化池、人畜粪沉淀池,上部设有安全盖板。具有重量轻的优点,以农作物秸秆为主要原料。

文献8公开了一种以秸秆和餐厨垃圾为原料的两相厌氧发酵产沼气方法,包括如下步骤:步骤1,将干物质量比为3:1的秸秆与餐厨垃圾混合完全后置于水解酸化装置中;步骤2,将发酵液喷淋在步骤1的混合物料上,混合物料在发酵液的作用下,转化为有机酸;步骤3,步骤2溶出的有机酸随着循环液流入发酵产气装置中,有机酸在产甲烷菌的作用下产生沼气;步骤4,经步骤3反应后剩余的有机酸随着循环液返回水解酸化装置中。

文献1~2涉及高效环保秸秆沼气池研究,与该研究相似,不同之处在于酸化池的位置不同,文献1~2中酸化池位于发酵池的上方,而该项目中的酸化池设置在进料口一侧的地面上;文献3~8涉及秸秆经酸化处理装置酸化处理后再进入发酵装置发酵产沼气的研究,但所采用的装置与结构与该项目都不同。

六、查新结论

关于该项目查新点秸秆经地面水解酸化池酸化预处理,再入沼气池发酵产甲烷的两步式用户沼气模式,与该项目所示结构相同的研究,在国内公开发表的中文文献中未见报道。

七、申报者本人所在学校及省级大赛主办单位签字盖章的查新声明与证明

1. 报告中陈述的事实是真实和准确的。
2. 我们按照大赛查新规范进行查新、文献分析和审核,并做出上述查新结论。
   申报者(签字):沈湛   申报者所在学校(盖章):
   市级创新大赛主办单位(盖章):

八、附件清单

教育部科技查新工作站查新报告(12页)

小 试 牛 刀

请你为夏劲松同学发明的"特斯拉无线太阳能充电器"或自己的发明成果撰写一份查新报告。将其书写在方框中,并按下列要求自我评价:

写出创新要点给合格,有查新点的给优秀,有检索词及检索策略的给铜牌,有检索结果的给银牌,有查新结论的给金牌。(请及时将等次记录在本书末页表中)

吴迪同学撰写的查新报告

查新项目名称	基于 GPS 定位的智能拐杖

一、查新目的:申报第 26 届江苏省青少年科技创新大赛

二、查新项目的创新要点

　1. 选题新:可解决老年人、盲人、智障人士的一些特殊需求;在这类特殊人群享受外出散步和聚会的乐趣时,使他们的家人或者监护人免于担心。

　2. 摔倒监测:在远程定位终端的控制板上安装倾斜传感器,通过监测倾斜传感器的状态来判断拐杖是否倒下,进入推断老人是否摔倒。

　3. 远程定位:采用 GPS(主)、LBS(辅)双定位系统,充分利用智能手机的功能,通过 APP 软件在手机的地图上自动定位老人位置,并显示拐杖状态(红色摔倒,蓝色正常)。

　4. 定位终端采用自动休眠、远程唤醒技术,降低设备功耗,提高设备待机时间,正常情况下待机时间约 15 天。

　5. 定位终端内置低压检测、充电检测、温度检测功能,提高电源安全性、可靠性,提高产品使用寿命。

续表

查新项目名称	基于 GPS 定位的智能拐杖

三、查新点（需要查证的内容要点、创新点）
　①智能拐杖；　　　②摔倒监测；　　　③短信报警；
　④远程双模定位；　⑤远程唤醒技术　　⑥自动休眠技术

四、文献检索范围及检索策略
　文献检索范围：
　往届大赛获奖作品　　中国学术期刊网　　　　万方数据资源系统
　中国专利信息网　　维普科技期刊文摘索引　PQDD-B 博硕士论文文摘库
　检索词及检索策略：
　检索词：①智能拐杖；②远程双模定位；③摔倒监测；④短信报警；
　⑤自动休眠；⑥远程唤醒；⑦定位终端；⑧手机客户端
　检索式：
　1.（智能拐杖 or 摔倒监测 or 自动休眠）and（远程定位 or 短信报警）
　2.（摔倒检测 or 双模定位）and 短信报警 and 远程唤醒
　3.（定位终端 or 远程定位 or 双模定位）and 摔倒检测 and 短信报警
　4.（手机客户端 or APP 软件 or 智能手机）and（增强型 STC12 系列单片机 or SIM908 GPS/GPRS 二合一模）

五、检索结果
　　按上述检索词，在以上数据库和文献时限内，查到一些与本课题有关的文献，提供附件（8）份，现对附件摘述如下：
　　1. 姜斌、王强，功能智能盲人拐杖助手的开发与设计，自动化技术与应用，2014 年第 4 期. 关键词：盲人拐杖，IAP15F 2K61S2 单片机，语音合成。
　　2. 方仁杰、朱维兵，基于 GPS 定位与超声波导盲拐杖的设计，计算机测量与控制，2011 年第 19 期. 关键词：导盲拐杖，单片机，GPS 定位，超声波测障语音提示。
　　3. 李娜，基于 MCU 的智能定位报警拐杖研究，电子设计工程，2012 年第 8 期，关键词：拐杖，智能，GPS，GSM/GPRS。
　　4. 魏庆丽、许鹏等，基于 MSP430 的 GPS 定位智能拐杖设计，吉林大学学报，2012 年第 9 期，关键词：无线通信，智能拐杖，求助，MSP430 单片机。
　　5. 梁秋艳、牛国玲等，基于 TRIZ 理论的智能盲人拐杖创新设计，机电产品开发与创新，2012 年 5 月第 3 期，关键词：TRIZ 理论，阿奇舒勒矛盾矩阵，盲人拐杖，创新。
　　6. 朱伟、万福成、杨土明，老年人拐杖的智能设计研究，长江大学学报，2012 年 8 月第 22 期，关键词：智能拐杖，造型，方案，色彩，材质。
　　7. 陈言，一种多功能智能拐杖的设计，艺术与设计（理论），2010 年第 2 期，关键词：乐龄设计，人机曲线，多感官体验。
　　8. 周武啸，智能助行机器人运动控制方法研究，浙江大学 2011 年硕士论文，关键词：智能助行机器人，行走意图，被动控制，CMAC 神经网络，在线学习控制。
　　经对检索出的相关文献进行分析、对比，结论如下：
　　文献 1：以单片机 IAP15F 2K 61S2 为主控件，设计了一款具有 GPS 定位、GSM 手机通信、超声波测障、语音提示等功能的多功能智能盲人拐杖助手。
　　文献 2：设计了一款以单片机 AT89C52 为主控件，具有 GPS 坐标定位、超声波测障、语音提示等功能的智能拐杖。
　　文献 3：综合应用 MCU 控制、GPS 定位、GSM/GPRS 传输、角度测量等技术，制作了一种智能定位报警拐杖。
　　文献 4：设计了以单片机为核心处理器，GARMIN OEM 板为 GPS 模块、nRF905 为无线收发器、Ampire12864 为 LCD 显示器的智能定位拐杖。
　　文献 5：基于 TRIZ 理论的智能盲人拐杖。
　　文献 6：设计了内置 GPS 定位、红外线语音提示、求助、报警、人性化互动等多项功能的拐杖。
　　文献 7：运用现代化科技的设计元素，围绕着人性化和智能化这 2 个设计关键点，根据形态跟随功能的原则，在原普通拐杖的形态下，进行优化，使其更具科技感和时尚感的拐杖。
　　文献 8：研究了传统的拐杖和助行架具有费力和安全性不足等缺陷，把机器人技术引入到传统的行走支持系统中，设计了一种智能助行机器人概念样机。

查新项目名称	基于GPS定位的智能拐杖

六、查新结论

综上所述,综合应用MCU控制、GPS定位、GSM/GPRS传输、角度测量等技术,制作了一种智能定位报警拐杖已有相关研究报道。但本课题的研究特点是:
1. 基于安卓系统的手机APP远程定位。
2. 手、自动设定,老人摔倒自动检测并报警。
3. 采用自动休眠、远程唤醒技术,降低设备功耗,提高设备待机时间检索中未见与本课题相同的报道。

七、申报者本人、所在学校及省级大赛主办单位签字盖章的查新声明与证明
1. 报告中陈述的事实是真实和准确的。
2. 我们按照大赛查新规范进行查新、文献分析和审核,并做出上述查新结论。

第二节 专利申请

小故事

自控输液器

昆山市小发明家徐凯敏,有一次他在输液时睡着了,在盐水输完时,多亏旁边老奶奶的提醒,他才避免受到伤害,只是受了小小的惊吓。

可这一惊吓却圆了他的发明梦想,发明了"自控输液器",如图3-2-1所示。该发明只是在原来的滴液泡上面增加了一个球包,里面再装针阀和阀门。生产成本仅增加了几分钱,却解决了当时的输液器容易出现的两大问题:一是因回血使注射针被凝血阻塞;二是在更换药瓶时因疏忽使药液中夹杂空气而引起医疗事故。这一发明,既有效避免护理人员在病人输液时不必要的担心,又确保了输液者的安全,也使他成为江苏省首届青少年发明家。该发明经过临床试验,效果非常显著,不仅有巨大的经济效益,更重要的是有安全、方便、实用的社会效益。

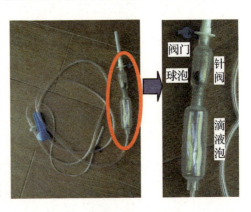

图3-2-1

该发明荣获国际发明展览会金奖、江苏省青少年发明家评比金奖,还获得了国家专利。

点金石

不要错失良机

徐凯敏的指导老师、昆山市的创新教育奠基人、感动昆山道德模范韩仕龙老师告诉笔者:专利法规定,申报的专利有保护年限,而且必须年年缴纳年费,否则该专利将成为公益性专利,供他人无偿使用。徐凯敏的上述发明吸引了不少厂商的关注,因为他们看到该发明隐藏的无限商机。经过三年的跟踪调查,发现徐凯敏的专利意识不强,没有及时缴纳该专利的年费。于是他们瞄准了机遇,果断地大批量生产,上亿元的利润收入囊中,可发明者却错失良机。

所以,搞创造发明的同学,懂一点专利法是必需的。一有发明成果,必须及时申报专利,并每年及时缴纳年费,千万不要错失良机,遗憾终身。

工具箱

专利法初步

专利是指国家专利机关依据专利法的规定授予发明人、设计人对某项发明创造在专利法规定的期限内享有的独占实施权。树人少科院要求小院士必须知道专利的类型、检索和申请的相关知识,把成功申请一项专利作为自己的一个近期目标。

1. 专利类型

专利分为三类:发明专利,实用新型,外观设计。前一种专利通常是专业技术人员申请的项目,后两种专利适用于学生申请,如图3-2-2

图3-2-2

所示。

(1) 发明专利

专利法所称的"发明",是指对产品、方法或者其改进所提出的新的技术方案。这类专利分产品发明和方法发明两种,其保护期限为 20 年,3 年左右收到专利局"授权通知书"。产品发明应是经人工制造或机器制造的具有特定功能或性质的有形或无形物。如机器、设备、仪表、药品、化学品、合成气体等。但是未经加工的天然产品不能作为发明给予专利保护,如天然宝石、矿石、石油等。方法发明是指生产加工制造某种产品的方法。这里所说的方法可以是化学方法、机械方法及工艺流程等,可以是一种新产品的制造方法,也可以是一种已有产品的新的制造方法。发明可以是首创发明,亦可以是改进发明,还可以是组合发明、用途发明等。

(2) 实用新型

它是指对产品的形状、构造或者其结合所提出的适用于实用的新的技术方案,保护期限为 10 年,10～12 个月收到专利局"授权通知书"。实用新型专利实际上是结构发明,也就是通过特定的结构达到某种功能的产品发明。这种结构与功能密切关联的产品发明,可以申请发明专利保护,也可以申请实用新型专利保护,同时还可以申请外观设计专利保护,亦可三者同时都申请。具体申请哪种专利保护,往往从发明的创造性、市场及技术本身的各种因素综合加以考虑。

(3) 外观设计

它是指对产品的形状、图案或者其结合以及色彩与形状、图案的结合所做出的富有美感并适于工业应用的新设计,保护期限为 10 年,5～6 个月收到专利局"授权通知书"。外观设计专利必须是一种产品,而且这种产品是可视的,具有一定的形状、图案、色彩或者其结合的设计。这种产品不是精雕细琢的,不能形成工业化批量生产的工艺品。可以是产品的本身,也可以是产品的包装、装潢,产品的标贴等,可以是完整的产品,也可以是产品的某个零部件。可以是专门为某种产品的外观所进行的设计,也可以是结合产品的结构所进行的设计。因此外观设计专利在一定程度上亦对某些产品的结构起到类似实用新型的保护作用,即间接保护了产品的结构。

2. 专利检索

一个人的头脑再聪明,也比不上千万个人的头脑合起来聪明。如果有了好的创意,在动手制作模型前,一定要养成上网检索的好习惯。

(1) 检索方法

在国内做国际专利检索的方法有三种:①自己在网上检索。常用专利检索和科技发明活动网站如下:中华人民共和国知识产权网:www.sipo.gov.cn,佰腾网:so.5ipatent.com,全国青少年科技创新活动服务平台:www.xiaoxiaotong.org,中国专

利信息网：www.patent.com.cn，学生科技网：www.student.gov.cn，中国发明专利发明信息网：www.lst.com.cn，发明工厂网：www.cn1.net，世界发明家网：www.world-talent.org，中国专利网：www.cnpatent.com，中国金点子专利网：www.goldideas.net，中国专业文献网：www.91patent.com，上海青少年科技创新网：shanghai.xiaoxiaotong.org，北京发明协会网：www.bj-fm.com。②委托国家知识产权局专利信息中心或者专利事务所来做。③到国家知识产权局专利局的文献馆联机检索。不是必须通过专利代理机构，而且大多数代理机构都不提供国际专利检索。检索有杂项是很正常的，我们用的免费数据库由于没有进一步加工，还会出现漏检的情况。

(2) 检索步骤

①选择合适的专利搜索工具。一般来说，如查询单个明确信息的专利，建议直接去所需专利局官方网站查询。输入对应的专利号或者专利名称即可。如果需要查询多个国家地区专利或者不确定专利号和名称的情况下，建议去一些综合性专利检索网站进行查询。②高级检索：以SIPO国家知识产权局的网站为例，在不同字段下输入相应的信息，可以检索某一个发明人，或者某一个分类号下的全部专利，同时红框中的"发明专利，实用新型专利，外观设计专利"默认是全部选中的，如果只选一个，那就只在选中专利数据库进行查询。例如从"中国专利检索"中点击"高级检索"，进入下一页，点击"实用新型专利"，然后在"名称"栏输入关键词的名称为"台灯"，在"摘要"栏输入关键词的动词为"智能"，再点击"检索"，如表3-2-1，就可以检索出相关已经有的专利。

表3-2-1

名称	台灯	摘要	智能	名称	台灯	摘要	智能
检索结果		一种声光控智能台灯		检索结果		可拆卸智能台灯	
		一种智能台灯及其开关灯控制方法				基于手机蓝牙的智能台灯开关	
		一种双控智能台灯				一种新式智能台灯结构	
		一种智能台灯				一种智能台灯及控制智能台灯的手机	
		一种智能台灯及其系统				一种多功能智能台灯	
		智能台灯				多用途智能台灯	
		一种环保智能台灯				一种基于STM32的多功能智能台灯	
		智能台灯电路				……	

(3) 检索分析

目前国内有Soopat和智慧芽提供此项服务。分析内容报告大致相同，按照时间、发明人、申请人、分类、行业等信息分类。Soopat的界面较为清晰，但一次分析专利数量有限制;智慧芽的分析功能比较强大,交互性好,但是由于采用大量的 flash,速度较慢一些。

(4) 检索注意

①从创新点抓关键词:专利检索一定要抓住合适的关键词,否则就会出来几百条或上千条的专利,影响检索效果。专利名称可以千变万化,但实则的创新点是唯一的,所以关键词要抓住创新点,而不是专利的名称。②特别推荐:佰腾网。主要输入关键词、空格、关键词,去掉外观专利选项,检索更方便。③不要忘记:还要到淘宝网等网络交易平台上查一下有没有已经生产但没有申请专利的产品。④要符合三原则:专利还必须符合新颖性、科学性和实用性这三个原则。

3. 专利申请

(1) 抓准类型申请

①针对产品、方法或者改进所提出的新的技术方案,可以申请发明专利;②针对产品的形状、构造或者其结合所提出的适于实用的新的技术方案,可以申请实用新型专利;③针对产品的形状、图案或者其结合以及色彩与形状、图案的结合所做出的富有美感并适于工业应用的新设计,可以申请外观设计专利。

(2) 需提交的文件

①申请发明专利的:申请文件应当包括发明专利请求书、说明书(必要时应当有附图)、权利要求书、摘要及其附图,各一式两份。②申请实用新型的:申请文件应当包括实用新型专利请求书、说明书、说明书附图、权利要求书、摘要及其附图,各一式两份。③申请外观设计的:申请文件应当包括外观设计专利请求书、图片或者照片,各一式两份。要求保护色彩的,还应当提交彩色图片或者照片一式两份。提交图片的,两份均应为图片,提交照片的,两份均应为照片,不得将图片或照片混用。如对图片或照片需要说明的,应当提交外观设计简要说明,一式两份。

(3) 如何办理申请

①提交内容:办理专利申请应当提交必要的申请文件,并按规定缴纳费用。②办理形式:专利申请必须采用书面形式或者电子申请的形式办理。不能用口头说明或者提供样品或模型的方法,来代替或省略书面申请文件。在专利审批程序中只有书面文件才具有法律效力。③手续规范:各种手续文件都应当按规定签章,签章应与请求书中填写的姓名或名称完全一致。签章不得复印。涉及权利转移的手续,应有全体申请人签章,其他手续可以由申请人的代表人签章办理,委托专利代理机构的,应由专利代理机构签章办理。办理的手续要附具证明文件或者附件的,证明文件与附件应当使用原件或者副本,不得使用复印件。如原件只有一份的,可使用复印件,但同时需要附有公证机关出具的复印件与原件一致的证明。④审批程序:依据专利法,发明专利申请的审批程序包括受理、初审、公布、实审以及授

权5个阶段。实用新型或者外观设计专利申请在审批中不进行早期公布和实质审查,只有受理、初审和授权3个阶段。⑤缴纳费用:办理登记手续时,不必再提交任何文件,申请人只需按规定缴纳专利登记费(包括公告印刷费用)和授权当年的年费、印花税及发明专利申请的维持费就可以了。授权当年的年费数额,就是授权所在年度的年费。

4. 文件撰写

它包括权利要求书和说明书两个内容。由申请人或委托专利事务所的相关人员撰写。现以学生崔师杰的实用新型专利《智能型路牌》为例,做一介绍。

(1) 权利要求书

它是申请文件中最核心的部分,是申请人向国家申请保护他的发明创造以及划定保护范围的文件,一旦批准,就具有法律效力。权利要求书的撰写要求如下:①应当简要、清楚、完整地列出说明书中所描述的所有新的技术特点;②权利要求书中使用的技术名词应与说明书一致;③一项权利要求用一句话来表达,中间可以有逗号、顿号,不能有分号和句号;④权利要求只讲实用新型的技术特征,不允许陈述实用新型的目的、功能等;⑤权利要求又分为独立权利要求和从属权利要求,一项实用新型只应当有一项独立权利要求,每一个独立权利要求可以有若干个从属权利要求。

《智能型路牌》权利要求如图3-2-3所示。

图3-2-3

(2) 说明书

它包括下列内容:①技术领域:写明要求保护的技术方案所属的技术领域。②背景技术:写明对实用新型的理解、检索、审查有用的背景技术。有可能的,并引证反映这些背景技术的文件。③发明内容:写明实用新型所要解决的技术问题以及解决这些技术问题采用的技术方案,并对照现有技术写明实用新型的有益效果。④附图说明:说明书有附图,对各幅附图作简略说明。⑤具体实施方式:详细写明申请人认为实用新型的优选方式;必要时,举例说明;有附图的,对照附图。《智能型路牌》说明书如图3-2-4所示,其中的3幅附图略。

CN 202434157 U 说明书 1/2页

智能型路牌

技术领域

[0001] 本实用新型涉及道路指示牌技术领域。

背景技术

[0002] 在城市照明动态智能化控制的今天，路牌应当成为彰显城市特质的一张名片，它是城市中最重要的识别细胞，最基本的公共信息资源。就目前而言，大多路牌还是比较传统的，其结构基本上采用反光材料在板材上刊印上路名、方向等简单信息。由于路牌面积一般都较小，置于道路两旁，不容易被发现；信息量少，不适应路人尤其是旅游城市游客的出行需要；光照度低，其面板的大多数采用反光材料，光照度与灯箱广告牌相比明显不足；功能单一，不能适应和谐、宜居城市的发展需要；编号不科学、不规范，所提供的信息不能满足疏导交通、找人问路、报警救火、医疗救护、市政管理、邮政投递、物流货运等方面的需求，更不能彰显城市的特质。

发明内容

[0003] 本实用新型目的在于设计一种方便人们了解路段信息的智能型路牌。

[0004] 本实用新型包括路牌本体，还包括供电装置、照明系统、语音装置，照明系统和语音装置分别与路牌本体固定连接，供电装置的输出端分别与照明系统、语音装置连接。

[0005] 本实用新型采用供电装置为照明系统提供电源，无论是否采用反光路牌、无论是否有外来光照射于路牌上，人们可直接从路牌本体上看到相关的信息；供电装置还为语音装置提供电源，通过语音装置为人们提供与路牌本体字面相同的信息，它可提供由于路牌本体面积受限而不能更多地反映与之相关的更丰富多彩的信息，即便人们不能看到也能听到这些信息。本实用新型提供了视、听综合路段信息，为人们出行时全面了解路段及周边信息提供了可能和方便，为出行的人们提供多元化的信息，满足不同人群的需求，适应城市发展的需要。

[0006] 本实用新型所述供电装置包括太阳能电池板和内置蓄电池，所述太阳能电池板的输出端与内置蓄电池连接，所述内置蓄电池的输出端分别与照明系统、语音装置连接。本实用新型采用清洁能源——太阳能转为电能，为本实用新型的照明系统、语音装置提供工作电源。当受阴雨或恶劣天气的影响时，可以通过市电进行补充供电，做到用电与供电并举，有效合理地利用了太阳能。路灯与路牌的发光装置同时启动或关闭，既保障了路牌电能不会浪费，又不会造成多余的路牌人力管理成本，使路牌的功能得于提升，方便出行与路面照明得到有机统一。

[0007] 为了提高音响效果，为人们提供视听享受，本实用新型的语音装置还包括音响设备，音响设备的电源输入端与语音装置的输出端连接。

[0008] 为了方便人们视力观看，一般路牌本体距地面有2m左右，本实用新型还可充分利用路牌本体下部空间，为人们提供动画或广告，即：在所述路牌本体的一侧还设置支架，支架上还设有滚动画。 同样，其内的照明系统也可由供电装置提供工作电源。

附图说明

[0009] 图1为本实用新型的一种外观示意图。

[0010] 图2为本实用新型的一种结构原理图。

[0011] 图3为本实用新型的一种电路原理图。

具体实施方式

[0012] 如图1、2所示，在一矩形路牌本体1的上方设置供电装置2，在路牌本体1的下方设置支架3，在支架3上部设置滚动画4，在支架3下部设置音响设备5。在路牌本体1内和滚动画4内都 设置照明系统6，语音装置7可安装在路牌本体1内，也可与音响设备5共同安装在支架3下部。供电装置2的输出端分别与照明系统6、语音装置7连接。

[0013] 供电装置2包括太阳能电池板和内置蓄电池，太阳能电池板的输出端与内置蓄电池连接，内置蓄电池的输出端分别与照明系统、语音装置连接。

[0014] 路牌本体1的版面是路牌的核心，包含路名、英文、路段、序号、指向、地图等信息。

[0015] 滚动画4通过滚动播放反映该路周围的地方特色、名特优产品、人文历史、传统文化等信息。

[0016] 音响设备5是通过语音装置7控制，播放与上述内容相一致或更多的音频信息。

[0017] 本实用新型的电路设计如图3所示，利用太阳能给LED灯供电的自动控制电路，力求智能化。其中，R是光敏电阻，其阻值随光照度的增强而减小。白天，太阳能电池板将光能转化为电能，电能通过再次转化储存在大容量的蓄电池内。傍晚，当光照度小于设计要求150勒克斯时，电路开始工作，给LED灯供电。

[0018] 为了防止电流从蓄电池倒流回太阳能电池板，在蓄电池与太阳能电池板之间，设有一个防反冲二极管。为了防止连续阴雨天的太阳能供电不足而造 成的断电现象的出现，采取太阳能供电为主、电网供电为辅的供电系统，将路牌的供电系统由路灯管理中心控制，实现路牌与路灯在照明功能上和管理上的高度统一。

图 3-2-4

演练场

小 试 牛 刀

请你为夏劲松同学发明的"特斯拉无线太阳能充电器"或自己的发明成果撰写一份权利要求书和说明书。将其书写在方框中，写不下的可另附页。

并按下列要求自我评价：写出技术特点的给合格，有从属权利要求的给优秀，有技术领域和背景技术要求的给铜牌，有发明内容和附图说明的给银牌，有具体实施方式的给金牌。（请及时将等次记录在本书末页表中）

展示台

便携式多用途充电器

这是学生王培成发明成果"便携式多用途充电器"的专利申请书。

技术领域

本实用新型涉及充电器的制造技术领域。

背景技术

目前,手机等各种电子设备已经成为人们生活中必不可少的物品,而大屏幕手机、平板电脑等这些电子设备的耗电量均非常大,尤其是使用玩游戏、看电影时更是如此,在户外没有电源时,给电子设备充电就变得更加重要。

实用新型内容

本实用新型目的在于针对以上问题,提供一种可随身携带进行充电的便携式多用途充电器。

本实用新型包括机体,在所述机体外表面分别设置手机充电器、USB插口、太阳能电池板、四联开关、灯口、摇柄;在所述机体内设置减速电机;所述摇柄与减速电机的转轴相连;所述四联开关分别为发电机转换开关、电动机转换开关、太阳能电池开关、手机充电器开关;在所述灯口内设置白色LED灯,沿白色LED灯外周分别均布红色LED灯、蓝色LED灯和绿色LED灯。

在所述减速电机一端并联两根导线,在其中一根导线上串联USB插口,在USB插口另一端并联三根导线,所述三根导线的另一端与减速电机并联形成电流回路;在所述三根导线的第一根导线上连接手机充电器和手机充电开关,所述手机充电器和手机充电开关之间串联;在第二根导线上连接电动机转换开关;在第三根导线上连接太阳能电池板和太阳能电池转换开关,太阳能电池板和太阳能电池转换开关之间串联。

在减速电机一端并联的另一根导线上串联发电机转换开关,在所述发电机转换开关的另一端通过导线分别连接白色LED灯、红色LED灯、绿色LED灯和蓝色LED灯,所述白色LED灯、红色LED灯、绿色LED灯和蓝色LED灯的另一端再分别通过导线与减速电机并联。

本实用新型当只有电动机转换开关闭合时,减速电机为电动机,此时由USB插口(接充电电池)供电,使电动机转动,充电器存储的电能转化为供电动机转动的机械能。

当只有发电机转换开关闭合时,减速电机为发电机,手摇动摇柄产生的机械能转化为使LED灯发光的电能。当只有手机充电器开关闭合时,手机充电器给USB插口充电;当只有太阳能电池开关闭合时,为太阳能电池板给USB接口充电;USB接口将存储的电能为手机供电。本实用新型太阳能电池板的输出电压和充电电压是一致的,为4.2 V,它可以直接通过USB插口给手机充电,使手机电池板获得的电压为3.7 V。

本实用新型体积小、使用便携;功能多,既可作临时照明的手电筒使用,还能存储太阳能,为旅途中的手机供电,更可做实验器材。它既能演示发电机工作原理,电动机工作原理,还能演示二极管的单向导电性、光的三原色及其合成,能量的转化等物理教材上的许多实验;效能高,用有减速器的电机作为发电机时,手摇动摇柄使转轴转动的速度虽然很小,但内部电机的转速却是很大,发电机的发电效果相当好,即放大了发电机的发电能力,其性能比实验室里的手摇发电机要优越得多。实验室里是手摇发电机,手要使劲地摇,小灯泡才亮,而本发电机可以慢慢地、轻轻地摇动手柄,LED灯都会很快亮起来;低碳环保,由于本充电器的制作器材都是用废旧的材料加工而成,变废为宝,节约了资源,而且用手来发电,或用太阳能电池供电,都是低碳环保的。

附图说明(图3-2-5): 图①为本实用新型的结构示意图;图②为图①的后视图;图③为图①的右视图;图④为本实用新型的电路原理图。

具体实施方式

如图3-2-5所示,本实用新型包括机体1,在机体1外表面分别设置手机充电器2、USB插口3、太阳能电池板4、四联开关5、灯口6、摇柄7;在机体1内设置减速电机8;摇柄7与减速电机8的转轴相连;四联开关5分别为发电机转换开关5—1、电动机转换开关5—2、太阳能电池开关5—3、手机充电器开关5—4;在灯口6内设置白色LED灯9,沿白色LED灯9外周分别均布红色LED灯10、蓝色LED灯11和绿色LED灯12。

在减速电机8一端并联两根导线,在其中一根导线上串联USB插口3,在USB插口3另一端并联三根导线,三根导线的另一端与减速电机8并联形成电流回路;在三根导线的第一根导线上连接手机充电器2和手机充电开关5—4,手机充电器2和手机充电开关5—4之间串联;在第二根导线上连接电动机转换开关5—2;在第三根导线上连接太阳能电池板4和太阳能电池转换开关5—3,太阳能电池板4和太阳能电池转换开关5—3之间串联。

在减速电机8一端并联的另一根导线上串联发电机转换开关5—1,在发电机转换开关5—1的另一端通过导线分别连接白色LED灯9、红色LED灯10、绿色LED灯11和蓝色LED灯12,白色LED灯9、红色LED灯10、绿色LED灯11和蓝色LED灯12的另一端再分别通过导线与减速电机8并联。

白色LED灯9的电路连接与红色LED灯10、绿色LED灯11和蓝色LED灯12的连接的极性相反,只要将白色 LED 灯 9 的正、负接线柱对调即可,具体见图 3-2-5④。

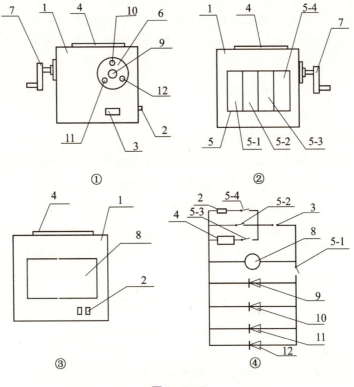

图 3-2-5

第三节　把握机遇

小故事

市长回信

　　朱民阳市长给张笑祺同学回信啦!刹那间,消息像一颗重磅炸弹那样迅速传遍宁静的树人校园,同学们不约而同地奔向宣传橱窗,争看朱市长的回信内容,如图 3-3-1 所示。堂堂一个扬州市长,竟然给一位非亲非故的初中生回信,真是太不可思议了。其实,那是张笑祺同学给市长的建议信深深地打动了这位市长的缘故。

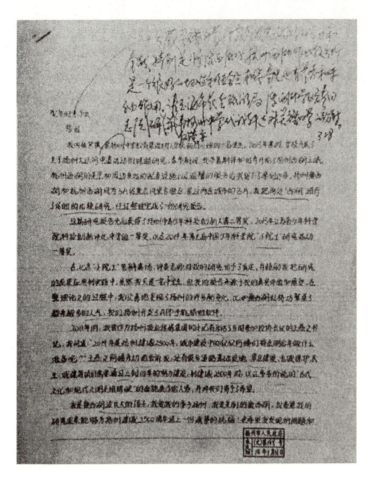

图 3-3-1

事情还得从 2014 年的寒假说起,学校要求学生在寒假期间做一次社会调查,撰写一份能代表自己能力的调查报告。于是,这位自幼在瘦西湖边长大的张笑祺,萌生了去杭州西湖探个究竟的念想。征得父母的同意,在 2014 年的春节,她与父母一起游览了闻名遐迩的杭州西湖。一到西湖,她惊奇地发现:西湖是免费开放的,还有公共自行车可以免费使用,她收集并拍摄了许多可供研究的资料和照片。回扬州后,她在《扬州晚报》上看到扬州市旅游局出台了《扬州旅游攻略 2014》,知道 2014 年是扬州市的旅游攻关年。

社会责任感使她又去瘦西湖进行调研,并从"文化渊源、今日状况、旅游地位、服务为王"的视角将瘦西湖与西湖进行了比较研究。尤其对服务为王的理念进行了"二湖"PK,发现杭州西湖有很多做法值得扬州瘦西湖学习。

主要表现为:①西湖景区开门迎客,杭州西湖得到的要比失去的多;②完善的游客出行系统,杭州西湖旅游更方便快捷;③旅游咨询和独具特色的志愿者服务,使西湖旅游倍感温馨;④信息化引领西湖智慧旅游系统升级等。

她对照了该攻略的相关措施后，对扬州瘦西湖风景区的发展和扬州旅游开发提出了5条建议：①建立统一高效的旅游指挥体系；②逐步免费开放瘦西湖及周边景点，吸引八方游客；③建设智慧旅游服务设施和自助服务系统；④尽快增加瘦西湖周边餐饮、住宿、娱乐购物的配套服务设施，解决游客吃、住、购、娱等问题；⑤参考杭州志愿者服务的模式，在扬州城区和瘦西湖周边建立志愿者义工服务队。

她将上述建议和调查报告《扬州瘦西湖和杭州西湖的比较研究》邮寄给非常关注扬州旅游业发展的朱民阳市长，这才有了前面讲到的精彩的一幕。

点金石

把握机遇

有句名言是这样说的：机遇总是给有准备的人的，张笑祺同学就是一个有准备的人。她自幼在瘦西湖边长大，一直疑惑瘦西湖名字的来历。长大了，读到清代杭州诗人汪沆的诗："垂杨不断接残芜，雁齿虹桥俨画图。也是销金一锅子，故应唤作瘦西湖。"才知道瘦西湖原名"保障湖"，是自隋唐以来由人工开凿的水道。正是杭州诗人汪沆将扬州保障湖与杭州西湖做的这番传形得神的比较，湖因诗名，才其改称"瘦西湖"。

"欲把西湖比西子，淡妆浓抹总相宜"的杭州西湖到底是什么样子的？为什么杭州西湖成为著名的世界文化遗产？扬州"瘦"西湖和杭州"胖"西湖有什么不一样呢？

她对"两湖"的疑问并没有随着时间的推移消减，反倒是越发着迷。她试图查阅有关的文献，并通过互联网搜寻有关的文章，发现分别介绍瘦西湖和西湖的较多，但是没有找到两者比较研究的文字。正巧又赶上了这次的寒假作业、《扬州旅游攻略2014》和与朱民阳市长通信的三重机遇，她也想不到后面还有许多重要的机遇会接踵而来。

她的《扬州瘦西湖和杭州西湖的比较研究》参加了当年的江苏省青少年科技创新大赛，获一等奖，并入围参加全国青少年科技创新大赛决赛，荣获全国青少年科技创新成果一等奖和专项奖"北京公益学学会科技创新奖"，如图3-3-2所示。她还参加了中国少年科学院小院士课题研究成果展示与答辩活动和扬州市青少年科技创新市长奖的评比答辩活动，分别荣获全国一等奖和扬州市市长奖，并成为中国少年科学院小院士。

图 3-3-2

更令人意想不到的是,她入围参加公费的中国科协青少年国际交流项目遴选培训暨 Intel ISEF 冬令营活动。该冬令营是由中国科协主办,从全国的青少年科技创新大赛优秀获奖者和"中学生英才计划"培养对象中选拔。

营员们经过了来自全国著名高校的评委及学科专家的英文问辩,参加了项目展示、STEM 项目培训等系列活动,在评委老师的指导下完成了参赛项目完善计划书。张笑祺在活动中展示了良好的科学素养和沟通交流能力,最终成功入选为只有 6 名中学生组成的中国代表队,赴英参加 2015 年 7 月举行的伦敦国际青少年科学论坛,如图 3-3-3 所示。

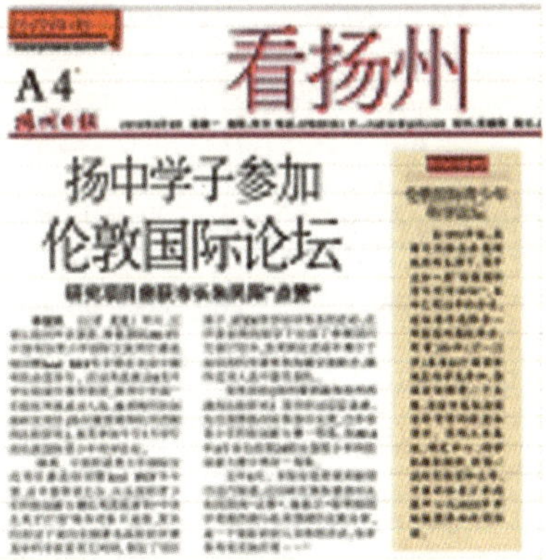

图 3-3-3

工具箱

竞赛评比

张笑祺同学的出彩,在于其对自身的机遇把握。但更多创新人才的脱颖而出,源于其在发明创造、创新大赛评比中的摘金夺银。这些机遇正在等待你哟!作为中学生,能入围参加各级各类的创新大赛发明奖评比也是一种机遇,她没错失良机,这也值得大家学习。现将适合中学生参与的国家级发明奖评比的相关活动做一介绍。

1. 全国青少年科技创新大赛

它是由中国科协和教育部、科技部等单位联合举办的大赛,每年进行一次,分市、省、全国三个级别,分级举办,将参赛名额逐级分配。大赛分答辩和展示两个类型评比。答辩类有青少年和科技辅导员两个板块,展示类有科技实践活动、科学创意和科幻画三个板块。评奖权重为:审阅初评材料(25%)、封闭问辩(60%)、素质测评(10%)、技能测试(5%)。全国奖项设立除了设立一、二、三等奖(比例为1∶2∶3)和专项奖外,还设立中国科协主席奖,每年表彰3项。江苏省设立江苏省人民政府青少年科技创新培源奖,每年表彰3项。扬州市设立扬州市青少年科技创新市长奖,每年表彰不超过5项。树人学校自2011年参加该项竞赛至今,已获全国一等奖2项、二等奖3项、三等奖3项,十佳科技实践活动奖1项,专项奖1项,部分获奖证书如图3-3-4所示。

图3-3-4

项目申报材料包括申报书、研究论文、查新报告和附件材料。申报材料后三项的撰写要求前面已有表述,这里只介绍申报书的撰写要点。

申报书的封面包括：项目名称（题目）、申报者（姓名）、所在学校（全称）、辅导教师（姓名）、辅导机构（全称）、项目所属学科、项目申报类别。其中的所属学科包括：数学、计算机科学、物理学、地球与空间科学、工程、动物学、植物学、微生物学、医药与健康学、化学、生物化学、环境科学、行为与社会科学等13个学科。项目申报类别包括：初中项目、高中项目、个人项目、集体项目。集体项目的申报者不超过3人，除姓名外，还包括：性别、出生年月、身份证号码、年级、学校全名、地址、电话、邮编、家庭地址、电话、父亲和母亲的工作单位、职务职称。辅导老师不超过2人，除姓名外，还包括：性别、出生年月、工作单位、职务职称、专业领域、联系电话。项目情况包括：项目研究时间、专利申请号及批准号、论文登载报刊和发表日期。项目简介包括：项目摘要、该项目的选题是怎样确定的、设计（或研究）该项目的目的和基本思路、该项目的研究过程、该项目应用了哪些科学方法、科学原理、该项目的主要贡献（创新部分）、他人同类研究的情况调查、进一步完善该项目的设想、集体项目中申报者各自的工作分工。现以项目"多功能能量转化仪"的简介撰写为例说明。

(1) 项目摘要

本实验仪集初中物理中的能量转化实验于一体。用新型的超级电容器作为电源，将手摇动摇柄而产生的机械能、太阳能电池板提供的太阳能和照明用的电能等绿色低碳能源存储起来，既可为实验供电，还可为旅途手机充电。用2个USB插口分别作为电源的输入或输出，将玩具电机、LED灯、电子音乐芯片等作为用电器，用6个拨动开关将这些用电器连接成串、并联电路。可以做初中物理教科书中关于能量转化的系列实验。更由于其体积小，便于随身携带，操作也十分方便，很适合学生家庭实验室使用。

(2) 该项目的选题是怎样确定的

能量是初中物理的重要内容，其中有声能、内能、光能、机械能、电能等，通过设计并制作本实验仪能将这些能量转化的相关实验融合在一起。

(3) 设计（或研究）该项目的目的和基本思路

目的：既可为实验供电，还可为旅途手机充电。更由于其体积小，便于随身携带，操作也十分方便，很适合学生家庭实验室使用。

思路：用新型的超级电容器作为电源，将手摇动摇柄而产生的机械能、太阳能电池板提供的太阳能和照明用的电能等绿色低碳能源存储起来，用2个USB插口分别作为电源的输入或输出，将玩具电机、LED灯、电子音乐芯片等作为用电器，用6个拨动开关将这些用电器连接成串、并联电路。

(4) 该项目的研究过程

首先从淘宝网及五金店选购了带减速器的玩具电机、超级电容器、太阳能电池板、开关、LED彩灯、灯口、音乐芯片、手摇柄、USB插口等构件；其次去广告公司用亚克力板制作设备外壳；再次用电烙铁焊接各电路元件；最后将连接好的电路元件试装在定做的设备外壳上,进行能量转化试验,试验成功后进行加固。

(5) 该项目应用了哪些科学方法、科学原理

科学方法:采用了实验探究法

科学原理:能的转化原理、超级电容器原理、发电机和电动机原理、二极管的单向导电性原理、光的三原色及其合成原理、减速器的力放大原理。

(6) 该项目的主要贡献(创新部分)

尝试用新型的超级电容器为电源,将圆筒壁的反射光进行色光合成,融声、光、电、力等实验于一体。

(7) 他人同类研究的情况调查

经检索,尚未发现有相同原理的作品。

(8) 进一步完善该项目的设想

本实验仪还缺少热学实验的功能,为了增加其实验功能,制作者将借鉴电子百拼技术,设计一个展示平台,利用构件的接插功能,还可做其他系列实验。

2. 宋庆龄少年儿童发明奖评比

该奖由宋庆龄基金会与中国发明协会、中国教育学会、全国少工委共同主办,已经国家科技部批准立项,属于国家级奖励。每两年评选一次,评选范围包括全国(包括港澳台地区)各省、直辖市、自治区少年儿童创作的作品。该奖项以 18 周岁(含 18 周岁)以下的少年儿童发明作品为评选对象,由各省组建代表队参赛,入围全国决赛的发明项目分小学、初中、高中三组,各 55 项,设金奖、银奖、铜奖。

树人学校自 2014 年参加该项竞赛至今,已获 3 金、2 银、2 铜的好成绩,部分获奖证书如图 3-3-5 所示。

图 3-3-5

该活动的项目申报材料包括:申报书、申报者情况、发明作品情况、查新报告、附件等,其中发明作品情况的要求与创新大赛不同。它分作品摘要(结构组成、主要特征、主要用途、创新点)、作品说明(问题提出、解决方案、试用效果、优点、还需进一步研究的问题)。现

以发明作品"基于 GSM 网络的隧道水位安全智能监控系统"情况的撰写为例说明。

(1) 作品摘要

①结构组成：由水位传感器、控制电路、信号灯、电动栏杆和 GSM 通信模块等部分组成。水位传感器对隧道内的积水情况进行实时检测，当水位处于零、低、高三种不同状态时，通过控制电路让信号灯分别显示绿、黄、红三种不同灯光，并令电动栏杆相应升起和落下，同时 GSM 模块向管理人员的手机发送"＊＊＊隧道无积水，可安全通行""＊＊＊隧道少量积水，谨慎通行""＊＊＊隧道积水严重，禁止通行"等相应的短信。

②主要特征：通常的隧道内车辆防淹措施以水位显示为主，其缺点一是不易引起注意和及时作出能否通行的判断，二是管理部门在关键时刻不能及时掌握情况并进行处置。本系统将单一的水位显示提升为对隧道口交通的智能管理，既能根据水位情况及时指挥车辆通行，又能让管理者及时了解情况。③主要用途：本系统是针对下穿式立交、涵洞、隧道(以下简称隧道)在被水淹后频发车祸的现状而设计，能有效提高车辆在雨天隧道通行的安全性。④创新点：基于 GSM 网络的隧道口水位安全智能监控系统尚属首例。

(2) 作品说明

①问题提出：随着我国道路交通的迅速发展，近年来穿山而过的隧道、立交桥下的地下通道有很多，它们大大缩短了两地的距离，减免了交叉路口的停留时间。但另一方面由于隧道的地势低，如果排涝能力设计不足，当大暴雨来临时，这里往往变成了地下河，车辆从地面向下驶入隧道时，无法迅速判断水位情况，极易造成人员伤亡。梅雨季节，关于在隧道内汽车被淹的报道引起了我对解决这一问题的关注。②解决方案：我对扬州市内的一些下穿式立交、隧道对突发性暴雨时的车辆行驶安全方面进行了调查了解，目前还没有发现采取先进的智能化措施。从全国的角度来看，郑州市在市区内 26 处下穿式立交、涵洞、隧道内，设置了水位尺和警示标志近百个，以警示过往行人、车辆；西安市则施划了 26 处下穿通道及主交桥下的 52 处积水警戒线和警示牌，在 3 处下穿通道入口处设置了电子提示屏。但是针对隧道积水，能及时警示车辆安全行驶的智能装置尚属空白。能否设计一个防止车辆在隧道被淹的水位安全提醒装置呢？创作者最初考虑采用类似抽水马桶的浮球＋杠杆原理，一琢磨发现其结构较复杂，还容易受水中杂物影响。后来联想到以前的一个发明项目——自动遮雨遮阳篷，它是根据雨水可以导电的原理采用了雨滴传感器来判断是否下雨，在这里不是同样可以根据雨水导电的原理，对水位进行检测吗？设想在隧道入口处装上红绿灯和电动栏杆，当水位为零时绿灯亮；水位在 20cm 以内时黄灯亮；水位超过 20cm 以上时红灯亮，同时发出控制信号令电动栏杆落下，禁止车辆通行。最后考虑为相关部门能及时掌控各隧道的水位情况和进行排险处置，又设计采用了基于 GSM 网络的通信模块，发出短信通知管理人员。③试用效果所制作的模型经反复模拟试验，证明本系统使用安全可靠，同时得到相关部门的认可。④优点：将单一的水位显示提升为对隧道口交通的智

能管理;具有反应快、可靠性高、远程通讯的特点;使用方便、可靠,经济适用,对防止隧道内车辆淹水事故效果明显,有较好的社会与经济效益。⑤还需进一步研究的问题:今后打算进一步提升该系统的可靠性和工艺水平,尽早推广应用。

3. 国际发明展览会评比

国际发明展览会由中国发明协会和世界发明协会共同举办,每 2 年举办一次,都于 11 月在昆山举办。参展国家覆盖全球。参展单位有国内(包括港澳台地区)各省、直辖市、自治区,解放军等单位和各行业协会,还有来自全球五大洲 40 多个国家和地区派团参展。树人学校于 2012 年开始组织学生参展,取得了 6 金 3 银 6 铜的好成绩,部分获奖证书如图 3-3-6 所示。

图 3-3-6

4. 中国青少年创造力大赛

中国青少年创造力大赛是由教育部主管的智慧工程研究会、终南山创新奖基金会联合举办的公益活动,每年的 5 月在广州举办。该赛事被誉为青少年发明世界杯大赛。大赛设立大学组、高职高专组、中学组、小学组四个组别和发明作品金银铜奖、钟南山创新奖、世界创造力奖三个奖项,评审费用由钟南山基金会承担,不收取参赛者任何费用。树人学校从 2014 年开始组织学生参加该活动,共获得 5 金 5 银 5 铜的好成绩,部分获奖证书如图 3-3-7 所示。

图 3-3-7

5. 中国少年科学院小院士评选

该活动是由共青团中央少工委与中国少年科学院联合举办的全国性重大赛事,每年的 12 月在北京举行。展示内容按小院士课题研究方向,分为发明创造、科学探究、社会调查和创意设计这四个板块。活动按年龄分小学低年级组(1~4 年级)、小学高年级组(5~6 年级)、初中和高中组这四个年龄组。活动按初评 50 分(选题、创新性、科学性、实用性、整体性)、终评答辩 40 分(语言表达、认知程度、问题解答、仪态仪表)、能力测试 10 分(闭卷考试),按综合评分的高低确定获奖等级,再评出称号。一等奖的课题主持人获小院士称号,其中的前十名荣获十佳小院士称号,一等奖的参与人员和二等奖的学生获预备小院士称号,三等奖的学生获小研究员称号。树人学校从 2009 年开始参加该项活动至今,已有 78 位学生被评为小院士,其中 4 位学生荣获全国十佳小院士称号。

6. 中国青少年科技创新奖评选

该奖是按照邓小平同志遗愿,经党中央批准,于 2004 年邓小平同志 100 周年诞辰之际设立,由共青团中央、全国青联、全国学联、全国少工委主办。邓小平同志把他生前的全部稿费 100 万元捐献出来,用于鼓励青少年的科技创新,表彰对科技创新方面取得突出成绩或显示较大潜力的德智体美全面发展的青少年个人,是中国青少年科技创新领域的最高荣誉,每年的 8 月在北京评选。该活动由各省市团委推荐,设立研究生、大学生、高中生、初中生、小学生五个组别,奖励 100 名学生。研究生和大学本、专科获奖者每人颁发奖学金 20 000 元,中小学生获奖者每人颁发奖学金 5 000 元,同时分别颁发荣誉证书和奖杯。树人学校已有两位获此殊荣,如图 3-3-8 所示。

图 3-3-8

演练场

小试牛刀

请你参考青少年科技创新大赛申报书的要求,为自己的发明成果撰写项目简介,将其书写在方框中,并按下列要求自我评价:写出项目摘要的给合格,有选题由来和设计思路的给优秀,有研究过程的给铜牌,有科学方法和科学原理的给银牌,有创新点的给金牌。(并及时将等次记录在本书末表中)

展示台

创新奖得主成果展示

1. 树人少科院的首届学生院长李沐

他有 40 多项小发明、6 项国家专利,被江苏省少工委誉为新时期创新杰出少年,江苏省十佳少先队员,当选第六次全国少代会代表,受到胡锦涛主席和李克强总理的亲切接见。他除了创新之外,在跑步、跳远、武术、游泳、乒乓球、羽毛球、竹笛、葫芦丝和绘画等诸多方面有一技之长,屡获奖项共达 131 项。其具体事迹如图 3-3-9 所示。

2. 上央视太空课堂的小发明家刁逸君

她先后荣获"中国青少年科技创新奖""中国少年科学院小院士""百名中国好少年""江苏省青少年创新标兵""江苏省青少年发明家""江苏省少科院小院士""扬州市教育十大新闻人物"、扬州市"十佳少先队员"等荣誉,有 60 多项小发明、7 项国家专利,获江苏省青少年发明家荣誉称号。央视新闻频道的"太空课堂"播出了刁逸君的创新事迹。如图 3-3-10 所示。

第三章　成果鉴定

李沐是树人少年科学院首届小院长，中国少年科学院小院士，他有40多项小发明，获国家、省、市级科技创新奖39项，其中6项获国家专利，2010年当选第六次全国少代会代表，受到胡锦涛主席的亲切接见。他除了创新之外，在跑步、跳远、武术、游泳、乒乓球、羽毛球、竹笛、葫芦丝和绘画等诸多方面有一技之长，屡获奖项共达131项。

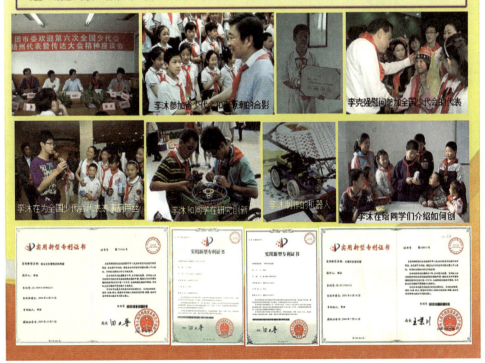

图 3-3-9

图 3-3-10

第四节　成果发布

泰斗之争

微积分是由谁发现的？这里涉及两位大名鼎鼎的科学泰斗。一位是英国的物理学家牛顿，另一位是德国的数学家莱布尼茨。他们之间的微积分发现优先权之争曾经持续了一百多年。

其实微积分是数学长期发展和实践需要的产物。他们二人从不同的角度工作，各自独立地发现微积分基本定理，并建立了一套有效的微分和积分算法。

牛顿是实践上的代表，从物理上的速度概念开始，考虑了速度的问题，把自己的发现称为"流数术"。他把连续变化的量称为流动量或流量；把无限小的时间间隔叫作瞬；而流量的速度，也就是流量在无限小时间内的变化率，则称为流动率或流数。因此牛顿的"流数法"就是以流量、流数和瞬为基本概念的微积分学，他是应力学运算需要而发展了微积分。

莱布尼茨则是应数学发展需要而发展了微积分，更多地从几何学的角度，从求切线问题开始，突出了切线的概念。他研究了求曲线的切线问题和求曲线下的面积问题的相互联系，采用了代数方法和记号，从而扩展了它的应用范围，明确指出了微分和积分是互逆的两个运算过程。

他们都把微积分从几何形式中解脱出来，把面积、体积及以前作为"和"来处理的问题归结到积分。这样，速度、切线、极值、求和的问题全都归结为微分和积分。

成果发布

其实在创立微积分方面，牛顿与莱布尼茨功绩应该是相当的。就发明的角度而言,牛顿是应力学运算的需要,莱布尼茨则是应数学发展需要。就发明的切入点而言,牛顿是从物理的速度概念切入的,莱布尼茨则是从数学的切线问题入手的。就发明的方式而言,牛顿是实践上的创新,莱布尼茨则是理论上的突破。就发明时间而言,牛顿早于莱布尼茨;就发表时间而言,莱布尼茨则先于牛顿。

当时信息传播局限,人们只能通过杂志上的发表来公布自己的发明成果。由此也不难看出,成果发表是多么重要。如果牛顿在发明微积分时就将其成果发表在杂志上,也就没有上述的百年之争了。可现在,发明成果的发布手段非常之多,树人学校概括起来有实物展示和媒体报道两种。

1. 实物展示

其最大的优点是近距离接触,可信度大。采取的方式有科技超市、创造力大赛、推荐作品参加各级各类的发明展等。

(1)科技超市:学校每年举办一次科技节,其中最引人注目的就是科技超市,将学生的发明作品以超市商品的形式展示,和观众开展交流活动,如图3-4-1所示。

图3-4-1

其中图A是出席江苏省基础教育工作会议的领导嘉宾走进宫灯长廊,观看科技超市中各创新成果的展示牌。图B是教育厅领导参观学生发明成果展示区。图C为学生做滚珠式基座抗震楼模拟实验现场表演。图D为用学生用2000多张废旧报纸制成的纸桥过人表演。图E为学生手持获奖成果展示牌与参观的领导嘉宾进行互动。

（2）创造力大赛：树人学校于2016年开始举办创造力大赛，已经办了两届，吸引了所有家长的积极参与，盛况空前。大赛设有开幕式、成果展示、评委点评、观摩点赞、专家讲座、精品展区等，如图3-4-2所示。全体学生以及他们的家长参加了开幕式，如图A所示。不少学生现场展示了自己的发明作品，进行操作演示并畅谈对创新成果的收获体会，受到嘉宾和家长的称赞，如图B、C、D、E所示。

图3-4-2

2017年，大赛还在精品区展示了23件已经荣获全国发明金奖或一等奖的发明作品和4位"中国少年科学院十佳小院士"的创新成果，受到领导嘉宾、学生及家长的高度关注，如图3-4-3所示。

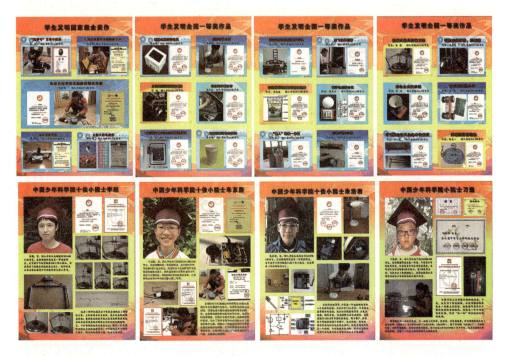

图3-4-3

2. 媒体报道

依托校园网、微信、电视和报纸杂志等媒体,将发明成果制成视频在网上公布,或撰写成论文在杂志上发表。

(1) 校园网报道

树人学校的校园网和微信平台受到学生与家长高度关注。科技超市和创造力大赛都通过校园网和微信平台及时推送,使学生成果在树人的圈子内达到家喻户晓的程度。如2016年首届"树人园杯创造力大赛",校园网和微信平台以"首届树人园杯创造力大赛盛大开幕"为题,分9个专题进行了连续9天系列报道:开幕式、作品展示、专家讲座、作品集、学生感想篇、家长感想篇、点赞墙、班级获奖情况公示、个人获奖情况公示。其中,点赞墙报道的照片如图3-4-4所示。

图 3-4-4

(2) 上新闻媒体

中央电视台《太空课堂》报道了小发明家刁逸君的创新事迹和发明梦想。刁逸君应国家知识产权局局长田力普的邀请,去北京参加知识产权第七个开放日并演讲,《扬州晚报》和《扬州日报》做了专题报道。江苏电视台《纵横江苏》栏目组专题采访了树人学校学生的发明成果。《扬州日报》和《扬州时报》还用整版的篇幅分别以"扬州市第四届青少年科技创新市长奖获奖作品简介"和"种下和'大院士'一样的科学梦"为题,对树人学校学生的发明成果进行报道,如图3-4-5所示。

第三章　成果鉴定

图 3-4-5

（3）杂志上发表

论文是发明成果的最终产物，论文发表的载体是期刊。适合学生发表的期刊有《少年发明与创造》《青少年科技博览》《发明与创造》等。树人学校有 20 多项学生发明成果在这些期刊发表，如图 3-4-6 所示。

157

图 3-4-6

树人学校还编辑出版了《树人小院士》杂志,开辟了"创造小发明、少科院建设、科技小乐园、小院士风采"等专栏。从 2009 年 10 月创刊至今,每年出版 3 期,已出刊 22 期,共刊登科普文章 552 篇,其中创造小发明成果 208 篇。每期重点介绍一位小院士,将其作为封面人物,封 2 展示其成果照片。"小院士风采"栏目刊登其代表性发明成果,以及家长、班主任、同学眼中的"他"等评价性文章。该刊已经成为树人学子产生科技灵感、碰撞科技观点、整合科技信息、营造科技环境、发表科技作品、交流科技成果的平台,如图 3-4-7 所示。

图 3-4-7

工具箱

论 文 撰 写

论文的撰写是课题研究或发明成果公布的重要组成部分。树人学校组织学生撰写的科技论文,通常要推荐参加各级各类的青少年科技创新大赛,有与其相对应的格式要求。青少年科技创新大赛对参赛成果的论文要求基本上包括下列内容:题目、作者、指导教师、摘要、关键词、引言、正文、致谢、参考文献、附录等。

现以获江苏省青少年科技创新大赛一等奖的发明作品"电动自行车安全温控防爆充电器"为例说明。

1. 题目的撰写

(1) 要求:正确、简洁、鲜明。

(2) 范例:电动自行车安全温控防爆充电器

(3) 点评:该题目符合上述要求。①准确性:恰如其分地反映研究的内容、范围和深度。其研究内容为充电器,研究范围为电动自行车,研究深度为温控防爆。②简洁性:该题目在充分反映研究的对象、范围、深度的基础上,题目的字数只有 14 个字,没有超过 20 个字为宜的规定,符合简洁性的要求。③鲜明性:该题目一看就知其内容、范围和深度,一目了然。

2. 署名的撰写

(1) 要求:有目的、有内容、要真实。

(2) 范例

作者:扬州中学教育集团树人学校初一学生   车京殷

指导教师:扬州中学教育集团树人学校科技辅导员   方松飞

(3) 点评:这样的署名目的明确,既是对自己著作权拥有的声明,也是文责自负的承诺,更便于读者同作者的联系。除了署名作者外,还署名指导教师。用真实姓名标明作者和指导教师的单位、身份,分别是学生和科技辅导员。

3. 摘要的撰写

(1) 要求:用第三人称撰写,简短精练,具体明确,内容完整,包括研究的目的、方法、结果、结论等。一般以 200~400 字为宜。

(2) 范例:本文是对电动自行车充电器进行充电时,因蓄电池温度过高导致电动车蓄电池鼓胀爆炸现象而进行的创新研究,运用现场调查和试验分析等方法,提出改进措施,在现有普通充电器上加装温控保护装置。该发明既解决了因温度过高而导致蓄电池鼓胀爆炸的问题,又能延缓蓄电池的安全使用寿命,还让电动自行车更加安全可靠、方便放心地使用。

(3) 点评:该摘要只用了 152 个字,就把电动自行车充电器的存在问题、调查分析、改进办法、成果特点、使用效果等内容进行不加解释和评论的简短陈述,便于信息交流和他人检索的需要。能反映正文的主要内容,即不阅读正文,就能获得必要的信息。可谓简短精练,具体明确,内容完整。

4. 关键词撰写

(1) 要求:一般选用 3～8 个词,能反映论文的主要内容。

(2) 范例:**电动,自行车,安全,温控,防爆,充电器。**

(3) 点评:该文选用了 6 个词,是从题目而来,能反映论文的主要内容。因为题目是论文的主题浓缩,最易找到。也可以从摘要中找,因为最重要的方法、结果、结论、关键数据都在其中。还可以从论文的小标题中找,因为小标题能反映论文主题的层次。更可以从结论中找,因为结论中可找到在题目、摘要、小标题中漏选的较为重要的关键词。

5. 引言的撰写

(1) 要求:引言是论文的开场白,其作用是向读者揭示文章的主题、目的和研究背景,便于读者了解本文所论述课题的来龙去脉。要开门见山,不落俗套,言简义明,条理清晰,字数一般控制在 400 字以内。

(2) 范例:**近年来,随着城市交通道路条件的改善、工作生活效率的提高以及人们越来越提倡环保绿色出行的需要,使用方便、速度适中的电动自行车正在以几何倍数的速度快速增长,在方便市民出行的同时,也时有一些安全事故隐患的发生。近期从报纸上得知扬州仪征某公园发生了电动游船的爆炸事故,南京、扬州等地也多次发生了车库内电动自行车充电时自燃爆炸的财产损失事故。上述事故的发生,究其原因一部分是由于蓄电池充电过程中温度过高而导致鼓胀爆炸。那么有什么办法能够避免上述事故现象的发生呢?我得知事故发生的调查结果后,思考良久,萌发了能否发明设计一种安全可靠的电动自行车充电装置的设想。**

(3) 点评:引言提出发明的现实情况是电动自行车的使用量快速增长的同时还存在着安全隐患的问题,如电动游船的爆炸事故和电动自行车充电自爆现象急需解决,萌发了发明安全可靠的电动自行车充电装置的设想。可谓是开门见山,不落俗套,言简义明,条理清晰,字数不到 300 字。

6. 正文的撰写

(1) 要求:它是论文的主体部分,标志着论文的学术水平或技术创新的程度,必须实事求是,客观真实,准确完备,合乎逻辑,层次分明,简练可读。

（2）范例：原文略，只提供小标题，供点评时参考。它包括下列内容：一、开展现象调查，分析问题原因；二、产生创意灵感，进行发明创造；三、设计实验方案，检验发明效果；四、总结过程得失，申报国家专利。五、感悟收获体会，思考完善问题。

（3）点评：正文一和二是在引言的基础上，交代了研究的方法是调查分析、解决问题、实践创新、发明创造，能从中看出正文的实事求是，客观真实。三和四是对发明成果的检验和总结并申报专利，五是感悟收获、完善思考。

7. 致谢的撰写

（1）要求：在研究过程中对自己直接提供帮助的团体和个人，均应表示谢意。

（2）范例：感谢方松飞老师在项目研究和论文撰写的过程中给予的辛勤指导和帮助；感谢父母在项目试验中给予的大力支持，在此谨致谢意。

（3）点评：其书写的格式可概括为：在研究（论文撰写）过程中，得到×××老师（教授）的帮助（指导），谨致谢意。符合要求。

8. 参考文献的撰写

（1）要求：论文撰写过程中征引过的文献须在文中注明出处，并列于文后，表示对原作者的尊重。

（2）格式：[序号]作者.篇名[N].报纸名,出版日期(版次)；或 [序号]作者.书名[M].地名:出版社,出版年份:起止页码；或[序号]作者.篇名[J].刊名,出版年份,卷号(期号):起止页码。

（3）范例：[1]韩秋.扬州某公园内电动游船爆炸致2死2伤[N].现代快报,2013-11-11(17)；[2]周志敏.充电器电路设计与应用[M].北京:人民邮电出版社,2005:56-58；[3]祝敏.电动自行车智能充电器的设计[J].研究与开发,2009(8):21-25。

（4）点评：该文著录的三个文献很有代表性，涉及报纸类、专著类、期刊类三种类型的文献。著录文献的原则是最必要的、公开发表过的文献和规范的著录格式。采用顺序编码制时，对引用的文献，按它们在论文中出现的先后，在文中用阿拉伯数字连续编码，将序号置于方括号内，如[1],[2],[3]。一篇论著在论文中多处引用时，在参考文献中只应出现一次，序号以第一次出现的为准。

9. 附录的撰写

（1）要求：青少年科技创新大赛要求将项目研究原始资料（图纸、图表、调查问卷等）、项目研究活动照片、项目研究活动日志等以附录的形式呈现。

（2）范例

附1:原理示意图；附2:结构示意图；附3:实物图（图略）。

（3）点评：如果原理示意图、结构示意图、实物图在正文中已经出现过，就没有必要将其再作为附录呈现。如果容量限制，图片可以放入附录。

演练场

小试牛刀

请你为自己的发明成果,参考上述书写格式,撰写一篇论文。除正文另附页外,其余内容书写在方框中,并按下列要求自我评价:写出题目、作者、指导教师、摘要、关键词的给合格,有引言的给优秀,有正文但一般的给铜牌,正文较好的给银牌,有致谢、参考文献、附录的给金牌,请及时将等次记录在本书末表中。

展示台

智能节电台灯

作者:扬州中学教育集团树人学校初三5班　朱浩君

指导教师:扬州中学教育集团树人学校科技辅导员　方松飞、徐光永

摘要:将光控继电器、光敏电阻、人体感应开关和台灯组成混合电路,使台灯能依据光线强弱、人体活动自动控制通断,达到节能的目的。本次探究中成品共有两代。第一代成品能根据光照强度控制开关,第二代成品在第一代的基础上,增加了人体辐射红外线的检测控制开关,人来,灯开,人走,灯闭,更加智能,更加人性化。

关键词:光控,红外感应,智能,节电,台灯。

一、项目背景

老师经常在同学们出门活动时,叮嘱关灯。偶尔我们还是忘记。这样就有数以千百度的电在空教室里溜走,我觉得十分可惜,便想要设计出可以自动控制通断的电灯。通过老师的专业指导,我成功发明了如图3-4-8所示的智能节电台灯。

图 3-4-8

二、设计原理

将如图 3-4-9 所示的光控继电器串联接入电灯电路。照度较低时，VT 不导通；当有一定强度的光照射时，光敏电阻阻值变小，VT 获得足够的基极电流而导通，产生较大的集电极电流，使继电器吸合。使灯能在低于设定阈值时会自动开灯，高于设定阈值时能自动熄灭。

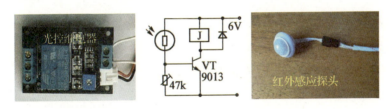

图 3-4-9

再将人体感应开关串联接入电灯电路。

人体是一特定波长红外线的发射体，由红外传感器检测到这种红外线的变化并予以放大选频处理后，可以推动适当的负载。热释电红外传感器的输出信号幅度较小（小于 1 mV），频率低（约 0.1～0.8 Hz），检测距离短，为此在 PIR 前加用一块半球面菲涅尔透镜，使范围扩展成 90 度圆锥形距离大于 5 米的检测面。人来，电灯自动开启；人离，电灯自动关闭。

三、主要构件

本台灯由台灯、光控继电器、光敏传感器、人体感应开关、5V 手机充电器插头等构件组成。其连接图如图 3-4-10 甲所示。

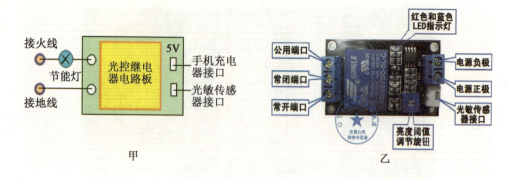

图 3-4-10

1. 光控继电器

光控继电器工作电压为 5 V,可连接手机充电器插头供电。其内部结构如图 3-4-10乙所示。该继电器控制模块采用大功率高耐压三极管 2907 A,驱动能力强,性能稳定,触发电流为 5 mA。电位器用来调节亮度阈值,旋动图中的调节按钮,使本继电器的光照强度阈值调为学生书写阅读的标准照度 300 Lx。该继电器的常开端口最大负载能力:直流 0~30 V/10 A,交流 0~250 V/10 A。

该继电器在环境光线暗于设定阈值时,继电器吸合,公共端与常开端接通(与常闭端断开);当外界环境光线亮于设定阈值时,继电器断开,公共端与常开端断开(与常闭端接通);公共端、常开、常闭三个端口相当于一个双控开关,继电器线圈有电时,公共端与常开端导通,无电时,公共端与常闭端导通。

2. 光敏传感器

由于光敏三极管对环境光线非常敏感,可以用它来检测周围环境的光线的亮度变化。所以光敏电阻就选用灵敏度高的光敏三极管,如图 3-4-11 甲所示,将其置于继电器的外部,成为光敏传感器,如图乙所示,并与光控继电器的接口相接,其实物接线如图丙所示。将图丙所示的构件安装于台灯内,调节图中的亮度阈值旋钮,使本继电器的照度阈值为学生书写阅读的标准照度 300 Lx。

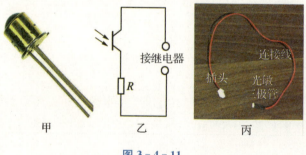

图 3-4-11

3. 人体感应开关

人体感应开关又叫热释人体感应开关或红外智能开关。它是基于红外线技术的自动控制产品,当人进入感应范围时,专用传感器探测到人体红外光谱的变化,自动接通负载,人不离开感应范围,将持续接通;人离开后,延时自动关闭负载。

人体红外感应开关的主要器件为人体热释电红外传感器。人体都有恒定的体温,一般在36～37 ℃,所以会发出特定波长的红外线。被动式红外探头就是探测人体发射的红外线而进行工作的。人体发射的 9.5 μm 红外线通过菲涅尔镜片增强聚集到红外感应源上,红外感应源通常采用热释电元件,这种元件在接收到人体红外辐射温度发生变化时就会失去电荷平衡,向外释放电荷,后续电路经检测处理后就能触发开关动作。

四、试验过程

1. 模拟实验

用 2.5 V 小灯泡做模拟实验。将继电器串联接入电路,此时光照强度高于设定阈值,整个电路成断路,模型灯泡不亮。当用手指遮住一部分光时,继电器吸合,形成通路,灯泡亮,如图 3-4-12 所示。

图 3-4-12

2. 第一代实物试验

将继电器装入台灯。先拆下台灯后盖,发现有两根线(红、蓝),这是原电路中的导线,剪开蓝线,将继电器的公共端和常开端分别接剪断的线的两头,调节照度阈值旋钮,使本继电器的照度阈值为学生书写阅读的标准照度 300Lx。再将为继电器提供基本电流的线(即与变压器相接的)整理,连同光敏三极管的导线一起从台灯后方的孔中通出,将三极管粘在电灯后背上,完成。此时若照度低于 300Lx,则继电器吸合,如模拟试验所示,电路通路,灯亮。

3. 第二代实物试验

剪开台灯中的红色火线，在有插头的一段上串联人体感应开关的红色线。拆下继电器的两端与电灯的连接点，在常开端串联上人体感应开关的白色线，常闭端上接火线闲置的一端。将台灯原来的零线重新连接好，将人体感应开关的黑色线与电灯的零线并联。这样既将两个开关同时串联接入电路，又符合家庭电路的连接规则，开关装在火线上，如图 3-4-13 所示。

图 3-4-13

五、创新点

1. 光照强度低于设定值且有人活动时，电灯自动点亮。
2. 人体有活动但光线由弱变强，高于设定值时灯瞬间熄灭，如图 3-4-14 所示。
3. 人离开或人体没有大幅度运动一定时间后，电灯自动延时关闭。
4. 无人状态下，光照强度低于设定值，电灯不会点亮。

图 3-4-14

六、问题与解答

1. 具体是怎么产生这个想法的？

有一次在拿到物理试卷的时候——"咦？"我突然看到最后一道题上介绍了光敏电阻，这东西居然是根据光照强度而改变自身电阻的，真神奇！这是我第一想法。突然有一点灵感的火花在我头脑中闪过,我站在教室里,盯着灯的开关,似乎又想到了些什么。这东西配合电磁继电器,不就能实现根据光照强度而控制电灯开和关了吗?这就是第一代产品的由来。

2. 为什么会有第二代产品?

做好第一代产品后,我尝试把台灯的机械开关设置为常开。但到了睡觉的时候,却发现台灯不能正常关闭——因为光线很暗,达不到继电器的设定阈值,必须将台灯的机械开关关闭。能不能让台灯更加智能地控制开关呢?第二天,我就带着疑问去请教老师,了解到有红外检测的装置,结合网上查阅的资料,有了第二代发明的灵感。

致谢:在智能节电台灯设计和制作的过程中,得到方松飞、徐光永两位老师的帮助和指导,深表谢意。

参考文献:

[1] 搜狗百科,光继电器。

[2] 搜狗百科,光敏传感器。

[3] 搜狗百科,人体感应开关。

注:

该成果荣获中国少年科学院小院士课题研究成果一等奖、中国青少年创造力大赛金奖。朱浩君同学获"全国十佳小院士"称号,如图 3-4-15 所示。

图 3-4-15

自评记录表

姓名

章节	自评等级	每节自评关键词	每章自评小结
第一章			
第一节			
第二节			
第三节			
第二章			
第一节			
第二节			
第三节			
第四节			
第五节			
第六节			
第七节			
第八节			
第九节			
第三章			
第一节			
第二节			
第三节			
第四节			